》》数学大师的逻辑课

福尔摩斯的棋盘

关于国际象棋的推理题

[美] 雷蒙德·M. 斯穆里安　著

张珍真　译

 上海科技教育出版社

图书在版编目(CIP)数据

福尔摩斯的棋盘:关于国际象棋的推理题/(美)雷蒙德·M. 斯穆里安著;张珍真译. —上海:上海科技教育出版社,2024.4
(数学大师的逻辑课)
书名原文:The Chess Mysteries of Sherlock Holmes
ISBN 978-7-5428-8046-8

Ⅰ.①福… Ⅱ.①雷… ②张… Ⅲ.①逻辑推理—通俗读物 Ⅳ.①O141-49

中国国家版本馆CIP数据核字(2023)第242161号

责任编辑 侯慧菊
封面设计 李梦雪

数学大师的逻辑课
福尔摩斯的棋盘
——关于国际象棋的推理题
[美]雷蒙德·M. 斯穆里安(Raymond M. Smullyan) 著
张珍真 译

出版发行 上海科技教育出版社有限公司
(上海市闵行区号景路159弄A座8楼 邮政编码201101)
网　址 www.sste.com　www.ewen.co
经　销 各地新华书店
印　刷 上海商务联西印刷有限公司
开　本 720×1000　1/16
印　张 10
版　次 2024年4月第1版
印　次 2024年4月第1次印刷
书　号 ISBN 978-7-5428-8046-8/O·1197
图　字 09-2022-089号
定　价 38.00元

 Contents ————————

目　　录

献给我的妻子布兰奇(Blanche)，

并以此纪念我的哥哥埃米尔(Emile)

以及挚友西奥多·谢德洛夫斯基(Theodore Shedlovsky)

■■■■ **Acknowledgements** ──────────────

致　　谢

　　我要感谢我在普林斯顿大学任教时的一位研究生。他阅读了其中几个谜题的早期版本,并且提出了不少建设性意见。但不幸的是,我多年来一直试图记起他的名字却始终无果。我希望他能读到本书并与我联系,这样我就可以在下一本国际象棋谜题集里向他致谢。

写给未来的国际象棋大侦探们

如果我告诉你,在下面这局棋中,没有任何一枚兵到过第8横线,你相信吗?

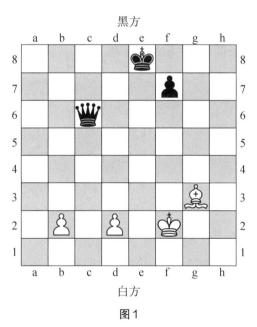

图1

如果你信了,那么——哈哈!你错了!我们可以通过逻辑推理来证明这种情况是不可能发生的。证明如下:

首先要解释一下,本书中所列出的国际象棋棋盘是按照国际惯例(见附录)绘制的。棋盘上的每个格子都可以用一个字母加一个数字表示,其中的字母表示其所在的竖线,数字表示其所在的横线。例如,上图中,白王在f2,黑王在e8,白象在g3,黑后在c6,两枚白兵则分别位于b2和d2。

在每局棋开始的时候,黑白双方各有两枚象,其中两枚白象的起始位置分别位于c1和f1。我们知道,象只能沿斜线移动,所以起始位置位于白格的象(即起始位置位于f1的那枚白象)无论如何移动,都仍然位于白格中。这样,我们可以知道,上图中位于g3(黑格)中的白象一定不是起始于f1(白格)的那一枚。那么,它是起始位置在c1(黑格)的那枚象吗?也不是。因为b2、d2的兵仍然位于起始位置(兵在起始位置只能向前移动一格或两格,并且兵不可能往回走,所以位于第2横线的兵一定没有离开过起始位置)。位于b2、d2的兵从未移动过,这就挡住了位于c1的、只能斜着走的白象。这样的话,它还有可能移动到g3吗?绝不可能!唯一的可能性是位于c1的白象还在起始位置时就被吃掉了,而如今位于g3的白象是由兵升变而来的。根据规则,白兵只有在抵达第8横线时才能升变(兵往往会升变成后,但它其实可以升变成为后、马、象、车中的任何一枚)。通过这番分析,我们就可以斩钉截铁地否定"没有任何一枚兵到过第8横线"的说法了!

传统意义上的国际象棋题往往要求你在几步内用白棋将杀黑王(称为"一步杀""二步杀"等)。不过本书中的题目则不同于此类。在本书中,夏洛克·福尔摩斯所考虑的问题是,如何根据所见到的局面来推导这一局棋的**"历史"**——就像上面对此题的分析那样。我们把这类分析称为"回溯分析",而上面这题只是其中最简单的一类!

一副国际象棋可以衍生出许多类型的回溯分析题。例如,有些题目给出的设定是棋盘上有一枚棋子被碰掉了(或者某一枚棋子是用硬币替代的),而你需要推理出这枚棋子是什么。在另一些题目里,你可以根据局面推测出有一枚棋子是升变而来的,但却无法推测出哪一枚棋子是升变而来的!(还有一题更夸张,你甚至无法推测出升变的是白棋还是黑棋!)

在另一题里,我们还会看到一个更神奇的局面——我们可以证明白方能在2步内将杀黑王,但与此同时又**无法**在局面中展示此点。这听上去很不可思议,也很难理解,但这确实是真的。

如果你担心自己国际象棋水平不高,理解不了这些题目,那你大可放心,因为这些题目虽然是结合了逻辑与国际象棋(它们因此也被称为国际象棋推理题),但并不考验你的国际象棋水平,而是纯粹的逻辑推理。想要解出这类推理谜题,就必须化身为一名侦探——实际上,神探福尔摩斯唯一感兴趣的国际象棋题就是这类推理谜题了。

即使你对于国际象棋推理题一无所知也没关系,本书的第一章为我们清晰地展现了福尔摩斯的推理过程,身为读者的你只需了解国际象棋的基本规则,就能跟上他一步步的推理过程。等读到第二章时,你的回溯分析推理能力想必已经小有成就,而你也因此能够协助福尔摩斯寻找马斯顿船长的宝藏,并且同时破解一宗双重谋杀案!

福尔摩斯十分擅长分析此类国际象棋推理。这对于他本人和你我这样的读者而言,都无疑是巨大的幸事。要不是他解开了其中的一个推理题(读完本书你就知道具体是哪一题了),他可能在遇到华生医生之前就已沦为莫里亚蒂邪恶计划的牺牲品。那样的话,本书也就永远不会面世了。

雷蒙德·M.斯穆里安

1979年2月

于美国纽约爱尔卡公园

福尔摩斯在伦敦

1. 方向题1：谁黑谁白

(1) 不以对弈为目的的国际象棋

一天下午，福尔摩斯突然问我："你想不想去国际象棋俱乐部看看？"

我惊讶极了，嚷道："真的吗，福尔摩斯？我可不知道你有下国际象棋的爱好！"

福尔摩斯笑着说："我确实不属于传统意义上的国际象棋爱好者。如果把国际象棋看作是**对弈**，那我确实不感兴趣——实际上我对比赛都不怎么感兴趣。"

我惊讶地问道："可是，国际象棋**不就是**比赛吗？难道还能是别的什么吗？"

福尔摩斯露出了严肃的神情，他说："华生，国际象棋有时可以用来充分锻炼大脑的分析能力。我认为这类锻炼非常有价值，能帮助我训练理性的推理能力，而这一能力对于处理现实案件至关重要。"

"你能具体说说吗？"我好奇地问。

"华生，在我的理解里，常规意义上的国际象棋，其本质是对弈的双方着眼于未来，其目标是使接下来的局面朝有利于己方的方向发展。我们**通常**

能看到的国际象棋练习题也是类似,即白方要在多少步内将杀对方的黑王——其一切的分析思考都围绕着分析后续的局面展开。尽管其中一些问题设计得很巧妙,我也很欣赏,但这其中所使用的战术策略再怎么精巧,都不能为我的侦探工作所用。"

"我还是没能理解您的意思。"我回答道。

"有时候,"福尔摩斯解释说,"有些局面里,未来哪方会输哪方会赢不重要,所以可能国际象棋**棋手**对这类局面没啥兴趣。不过,这些局面却能提供线索,让人得以推断出过去发生了什么。"

我的好奇心被挑了起来,问道:"福尔摩斯,您能给我举个例子吗?"

"下次有机会的话。"福尔摩斯边说边站起身,"现在我真的想去国际象棋俱乐部转转了。华生,要不你和我一起去? 也许我们会在那儿恰好碰到我说的这种局面。"

我觉得这是个好主意,于是拿上帽子,和福尔摩斯一起出了门。当我们来到俱乐部时,发现那儿只有两位客人——一位是我们熟悉的马斯顿上校,另一位绅士则衣着光鲜、谈吐幽默,令人心生好感。

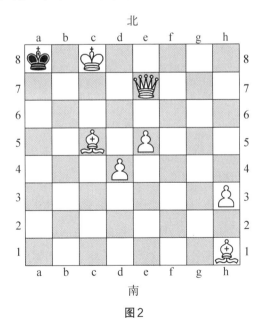

图2

"哎呀,福尔摩斯!"马斯顿站起身说,"让我给您和华生介绍一下,这是我的好朋友雷金纳德·欧文爵士。我们刚刚完成了一局最有趣、最奇特的对弈。你瞧,我们虽然按国际象棋的规则来下棋,但这局棋却完全不按套路落子。"

福尔摩斯注视着棋盘,喃喃自语道:"嗯,我看出来了。"

"马斯顿,"福尔摩斯道,"为什么我每次看你下棋,你都是白方呢?"

马斯顿大笑起来。不过突然他的笑声一滞,疑惑地问道:"福尔摩斯,您怎么会知道我是白方呢? 我记得很清楚,您和华生进门**之前**,我们这局棋已经下完了呀! 您怎么可能知道我是白方呢?"

雷金纳德爵士对着马斯顿一笑,说:"你朋友之所以知道你是白方,没准是因为看到了你手里拿着的白棋呢!"

这一点我不同意,反驳道:"我认为这算不得什么证据。手里的棋子也可能是刚被吃掉的对手的棋子,不是吗?"

福尔摩斯也笑了,他说:"实际上,雷金纳德爵士的观点很有道理。我仔细观察过人们下棋时拿在手里摩挲的棋子,十有八九都是己方的棋子。"

"这是为什么呢?"我问道。

"这很难说。我觉得是无意识的行为。人们似乎是出于天然的防卫心理,故而不愿意把对方的棋子握在手里。但无论是不是因为这个,棋手们握在手里的通常都是己方的棋子,这是毫无争议的事实。不过,我却不是以此作为线索得出的结论。实际上,马斯顿是在雷金纳德爵士提到了他手中的白棋**以后**才摊开手心的,所以我事先并没有看到他手中棋子的颜色。不过即使我事先看到了,这也只能说是一种可能性。如果我以此作为依据的话,那可做不到像刚才那样斩钉截铁地**确定**马斯顿一定是白方。"

"那你是怎么做到的呢?"马斯顿上校急切地问道。

福尔摩斯的眼中闪烁着快乐和狡黠,他是这么回答的:"马斯顿,解开谜团的过程才是真正的乐趣所在。我过几天一定还会遇到你。如果到时候你还没想出来,那我将很乐意告诉你答案。不过届时你可能会因为觉得理由太过简单而大失所望呢!"

马斯顿和雷金纳德爵士立刻讨论起来,他们兴致勃勃,提出各种脑洞大开的猜想。过了一会儿,福尔摩斯和我与他们握手道别。

一走出国际象棋俱乐部大门,我就忍不住问道:"福尔摩斯,快告诉我你**到底**是怎么知道的? 我简直好奇得不得了。"

"我们可以今晚对着棋盘讨论这个问题。现在,要不要去博物馆转转,然后去阿戈西诺餐厅美美地享受一顿大餐?"

(2)初识回溯分析

几个小时后,我们回到贝克街的住处。福尔摩斯换上了舒适的家居服,抽起了最爱的烟斗。他微笑着说:"真巧,不是吗? 我们下午出门前刚刚提到国际象棋的分析,一出门就立刻遇到了可以进行回溯分析的局面。"

"回溯分析?"我问道,"那是什么?"

"我们现在所讨论的就是呀! 你有没有想明白,为什么我能肯定马斯顿是白方呢?"

我老老实实地回答说我没有想出来,我说:"我用了你教我的所有方法,仔细观察了整个房间,但什么线索也没发现。"

听了这话,福尔摩斯哈哈大笑起来:"整个房间! 整个**房间**! 你是不是还查看了大楼的其他地方?"

"那我倒是没有想过。"我承认道。

福尔摩斯笑得更大声了:"亲爱的华生,我是开玩笑的。实际上你既不需要查看大楼的其他地方,也不需要留意房间内的其他地方,甚至都不需要考虑下棋的人和他们所用到的桌椅——只要观察棋盘就行了。"

"棋盘? 那副棋盘有什么特别之处吗?"

"是棋盘上的**局面**。华生,你注意到棋子摆放的位置有什么特别之处吗?"

"棋子的位置看上去确实有些奇怪,但我不明白,那又怎么能推导出马斯顿是白方呢?"

　　福尔摩斯站了起来。"让我们推演一下这个局面。"他边说边重新摆上了棋子，"好了。现在你再来看看，能推断出哪边是白方，哪边是黑方吗？"

　　我仔细端详棋盘许久，可是仍然毫无思绪。我问福尔摩斯，这是否就是他所说的"回溯分析"。

　　"这是一个绝佳的例子，只是过于简单了一些。"他回答道，"现在，你还是看不到任何线索吗？"

　　"看不出来。"我沮丧地说，"从表面来看，下面的是白方——但只是看上去而已。这局棋显然已经到了最后的阶段，王完全有可能走到棋盘的另一端，这样的例子也不算少，所以看上去白方完全可以是棋盘的任何一方。"

　　福尔摩斯几乎要绝望了，他问我："这个局面里有没有哪怕**一丁点儿**能引起你注意的特别之处呢？"

　　我又看了看棋盘。"好吧，也许有一点点，那就是黑王正在被白象将军。不过这一点谁都能看出来，而且也和谁是白方没什么关系。"

　　"所谓回溯分析，就是你要考虑到世间万物的联系！我们要从现状中探知过去！没错，是**过去**！"福尔摩斯颇为自豪地追问我，"既然黑王正在被将军，那白方的上一步是什么？"

　　我再次看向棋盘，答道："可能是位于e4的白兵向上前进了一格到达e5，为埋伏在角落的白象让开了路，造成了闪将。当然，这是基于白方在下的假设。反过来，如果白方在上，则是位于d5的白兵向下前进一格到达d4，为白象让路。这两种假设在我看来都成立，看不出哪一种的可能性更大。"

　　"很好。不过华生，如果你的假设正确，局面中位于e5或d4的兵是白方的最后一步，那么在这之前的一步，黑方是怎么落子的呢？"

　　我继续看着棋盘，回答道："显然棋盘上的黑棋只剩下了王。而它不可能是从b8或b7移动过来的[1]。所以，它一定是原本位于a7，被白后将军，逃到了a8。"

---

[1] 国际象棋规则中，王不能走到与对方王相邻的格子中，所以黑王不可能位于b8或 b7。——译注

“不可能！”福尔摩斯嚷道：“如果它在 a7，那么等于说它同时被位于 e7 的白后和位于 c5 的白象将军。如果白象已经在将军，白后就不可能再来将；同样如果白后已经在将军，白象也不可能再来。通过回溯分析，我们可以知道这种‘将军’只存在于假想中，而不可能真实发生，所以是‘不可能的将军’。”

我仔细想了一下，意识到福尔摩斯是对的，但——“那就是说，现在的局面是不可能存在的！”

“才不是呢！”福尔摩斯笑道，“你没有考虑到所有的可能性。”

“可是，福尔摩斯，你刚刚自己证明了黑王的上一步不可能来自 b8、b7 或者 a7，那岂不是说它是不可能存在的？”

“华生，我可没这么说。”

这时我有点不耐烦了：“得了吧，福尔摩斯，你刚才就是这么证明的，而且我也完全同意！”

“没错，华生。我刚才确实证明了‘**黑王**’不存在可以走的上一步，但这不表示‘**黑方**’就没有可走的上一步。”

“可是，棋盘里**唯一**的黑棋就是黑王呀！”

福尔摩斯立刻纠正我：“**眼下**确实是唯一的一枚黑棋，但这并不说明在白方的最后一步之前也是如此。”

“啊，我好笨！你说的没错！”我想明白了，白棋有可能走了一步，**吃掉了**一枚黑棋。但这样一来，我又更加困惑了：“无论白棋的最后一步是白兵走到 e5 还是 d4，都不可能吃子呀！”

福尔摩斯笑了：“这只能证明，你一开始的猜测是错的。也就是说，白棋的最后一步不是这两枚兵中的任何一个！”

“错的？怎么可能呢？”我既惊讶，又困惑。突然，我想到了！我得意极地告诉福尔摩斯，“真是的，我刚才怎么没想到呢，真是太笨了。白棋的上一步一定是兵从 g2 斜走一步吃掉了位于 h3 的黑棋。这样它既将了黑王，也吃了一枚黑棋。也就是说，无论被吃掉的黑棋是什么，黑棋的上一步一定是这枚棋子移动了！"

"不错，不过你说的恐怕不对！如果白兵位于 g2，那么位于 h1 的白象又是怎么到那里的呢？"[①]

天哪，又一个不可能！我放弃了，说道："福尔摩斯，我现在完全认为那个局面是不可能真实发生的！"

"现在就放弃了？这正好证明了我常说的那句话'你所坚信的，未必就是真理'。"

我反驳道："可是，我们明明已经穷尽了**所有**可能性！"

"华生，还有一种可能性你没有考虑——而那恰恰就是实际发生的情况。"

"在我看来，我们真的已经考虑到了每一种可能性，我们已经**证明**了这个局面是不可能真实发生的。"

福尔摩斯的表情变得严肃起来，他说："逻辑是珍贵而脆弱的。它可以很强大，但如果我们哪怕只犯了小小的不严谨的错误，也会造成灾难性的后果。你说你证明了这个局面不可能发生，那我想你应该给我 100% **严密**的论证。在这个过程中，也许能自己发现其中的逻辑疏漏之处。"

于是我开始我的论证："那我们就逐一来回顾各种可能性吧！我们已经证明了这局棋最后移动的不可能是位于 d4 或 e5 的兵，对吧？"

"是的，完全同意。"福尔摩斯说道。

"同理，位于 h3 的兵也不可能，对吧？"

"没错。"福尔摩斯又说。

"位于 h1 的白象也不可能是最后移动的！"[②]

"也没错。"

"显然位于 c5 的白象、位于 e7 的白后也不可能是最后移动的，白王**当然**

---

① 白兵从 g2 到 h3 意味着白方在下，且 g2 是兵的起始位置，所以 g2 的兵不曾移动。而白象只能沿斜线走，想要抵达 h1 就必然经过 g2，所以是不可能的。——译注
② 象沿斜线移动，在可以移动到 h1 的任何位置上都已经形成将军。——译注

也不是!"

"到目前为止,你说的都对。"福尔摩斯如此评论。

"那么,证据不是很充分了吗?没有任何一枚白棋走了最后一步!"

"错!这完全是不合逻辑的错误结论!"他略带得意地说道。

我有点儿生气了:"可我把棋盘上的**每一枚**白棋都排除了!"

看到我恼火的样子,福尔摩斯反而被我逗乐了,他说:"但你可没有考虑到**不在**棋盘上的棋子哦!"

我感到我的理智正在离我而去,怒道:"福尔摩斯,这个局面里,最后走的一定是白棋,而且一定是直到现在还在棋盘上的白棋。显然黑棋在上一步没有吃掉哪个棋子,那怎么可能最后移动的白棋不在棋盘上呢?"

"就是这里错了。"福尔摩斯说。

我使劲摇了摇头,好让自己更理智一些。我克制住自己,一字一顿地说:"那么,福尔摩斯先生,请您告诉我。除了被吃了以外,棋子还有什么可能性从棋盘合情合理地消失呢?"

"有的。"福尔摩斯说,"有且仅有一种可能性,而且只有一种棋子能做到。"

"是兵!"我的怒气瞬间消失,叹道,"没错,是兵,兵到达第8或者第1横线时必须升变。"不过我还是很疑惑,继续说道:"但一点似乎没什么关系,白后现在在第8横线,从这点上看不出白方是在上还是下。"

福尔摩斯回答道:"国际象棋的规则有没有说,兵升变时必须升变为后?"

"那倒不是。"我回答道,"兵可以升变为后、车、象或者马。但这和我们有什么关系?等一等……我知道了!位于h1的白象有可能是升变而来的,那就说明白方在上。那样的话,黑方有没有可能的前一步呢?有了!这枚白兵原本在g2格,**吃掉**了位于h1的黑棋,然后升变成了象。而再上一步走的就是这枚被吃掉的黑棋。这样一来就可以说明白方一定是在上面。"

"非常好!"福尔摩斯露出了矜持的笑容。

"但我还有一个疑问。福尔摩斯先生,白兵明明可以升变成为第二个后,为什么却要选择升变成为象呢?"

福尔摩斯斟酌了一下,说:"华生,这个问题或许属于心理学或者概率论的范畴,但不属于回溯分析的范畴。回溯分析不考虑概率,只考虑绝对的是非判断。我们不考虑棋手下的是**好棋**还是**臭棋**,只考虑他**在遵守规则的前提下**可能走了哪一步。无论某一步棋看上去有多离谱,只要我们排除了其他所有可能性,那它一定就是实际发生的。正如我说过无数次的——排除一切不可能之后,剩下的即使再离奇,也是事实。"

2. 方向题2:稍加变化

我之所以把前一段推理过程事无巨细地记录下来,是为了让初涉国际象棋推理的读者们更好地理解这个过程。我自己当时就处于这个阶段。渐渐地,我对这类推理日益娴熟,所以尽管福尔摩斯之后给出的题目难度逐渐增大,但他解释起来却再也不必如此大费口舌。

两天后的晚上,马斯顿上校和雷金纳德爵士突然造访,令福尔摩斯和我颇为惊喜。马斯顿上校风趣幽默、妙语连珠,我们很喜欢和他交往。当然,还有新朋友雷金纳德爵士!我们认识他越久,就越喜欢他。

我们先喝了一些白兰地酒,然后马斯顿说:"我们没花太多时间就想出答案了。当然,这是因为这局棋本来就是**我俩**下的,所以这也不算什么了不起的大事。毕竟,是**我**不按套路出牌,把兵升变成了象。但我们还是花了挺长时间才发现,基于当时的局面,唯一可能的最后一步棋就是那个升变。"

听完马斯顿上校的话,福尔摩斯显得非常高兴,他说:"马斯顿,我就知道你一定可以想出来的!现在我要告诉你们一个惊人的巧合——两年前,我在印度加尔各答的一家俱乐部看到过一局棋,正好与你和雷金纳德爵士下的这一局非常相似!"他一边说着,一边在棋盘上摆出了如下的局面:

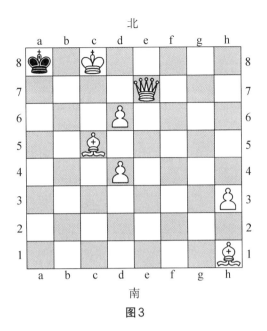

图3

"正如你们所看到的,这盘棋和你们所下的那一盘,唯一的区别就是白兵不在e5,而是在d6。然而,这么一个小小的变化,就足以让人无法分辨谁是白方。"

我们兴致盎然地端详着棋盘。首先发言的是马斯顿,他说:"福尔摩斯,我可看不出这点变化有什么影响。白方的最后一步棋一定还是位于g2的兵斜走一格,吃掉了位于h1的黑棋,然后升变成象吧?"

"不见得。马斯顿,这确实是**一种**可能的走法,但还有**其他**可能。我第一次看到这个局面的时候,第一反应也和你一样。不过我就要开口说出谁是白方时,却突然想到还有另一种可能性。幸运的是,对弈的棋手们还没有离开,其中一人正在收拾棋盘。于是我问他之前这局棋里,是否有兵发生了升变。他停下来,奇怪地看向我,回答说没有,还问我为什么要问这个。于是我就很得意地告诉他,'这说明你刚才是下的白棋!'两个棋手都很惊讶,等我告诉他们理由后又都很高兴。"

听到福尔摩斯这么说,我们就更加仔细地研究起这个局面。马斯顿又说:"我不懂,真的不懂。福尔摩斯,既然这局棋里没有兵升变,那么这最后一步一定发生在位于d4或d6的兵上。但这两种情况下，黑棋的前一步都无路可走！"

"不是这样，不是这样，"福尔摩斯答道，"马斯顿，白棋的最后一步确实是走的这两枚兵中的一枚。我可以再给你点提示——走的是d6这枚兵。"

"可是，"马斯顿说，"兵只有从d5挪开，才能给位于h1的白象让出将军的路。那黑王在此前岂不是无路可走？唯一的可能性是黑王从a7走到a8，但这又成为了'不可能的将军'，是不可能发生的！"

这时雷金纳德爵士大声说："太棒了，福尔摩斯先生，太棒了！我明白了，白棋的兵不是从d5移动到d6，而是从e5！它**吃了过路兵**！位于d5的黑兵！而这枚黑兵显然是从d7前进两格而来。而在这之前，白兵从e4到e5，使白象形成将军。再倒推一步，则是黑王从a7移动到a8。这是为了躲避位于c5的白象形成的将军，而**非**位于e7的白后形成的将军，因为当时黑兵在d7的位置，挡住了白后。"

我有点跟不上思路，只好问道："我好像还没听懂。您能再说一遍吗？"

"当然可以。"雷金纳德爵士边说边重新摆上了棋子，"这局棋的前几步应该是这样的——"

随后，他演示了这个局面是如何走到题目所示的局面的：

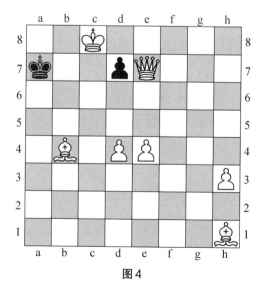

图4

1. 白象到 c5 将军；黑王到 a8；

2. 白兵到 e5 将军；黑兵到 d5；

3. 白兵吃过路兵将杀。

福尔摩斯就是据此推断出谁是白方的！

3. 两道练习题

几天后的一个晚上，福尔摩斯和我都没有外出。于是我利用机会进一步学习了"回溯分析"。我发现自己对这个话题的兴趣只增不减，并且开始提出自己的疑问："福尔摩斯，所有的回溯分析都必须基于一方已经被将死的局面吗？"

"当然不是。"他这么回答道，"并且，在大多数情况下都不是这样。"我接着又问："那回溯分析只能用来推断谁是哪一方吗？"

福尔摩斯回答说："那就更不是了！推断谁是白方谁是黑方反而只是其中的一个小类型，而且还是颇为罕见的类型！我们来做个小小练习吧（图 5），

黑方-1*

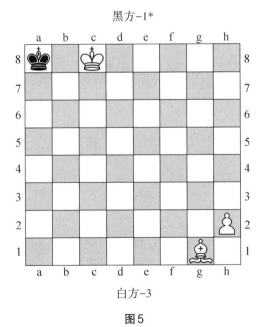

* 数字表示
棋盘上该
方所剩棋
子数。

白方-3

图 5

这样你就能明白常见的推理题是什么样的了。"

"老实说,这道道有点太简单了,所以我觉得用'题目'来形容都不合适,只能称为'练习'。"

"如你所见。这局棋里,黑方在上,白方在下。你看,此时白方和黑方都没有被将杀,连将军也没有。我们假设你是白方,那么问题来了:如果最后一步是黑方落子,那么他走了哪一枚棋子?而白方的最后一步又是怎么走的?"

我想了好一会儿,然后说:"福尔摩斯,对不起。看来我真不是什么聪明的学生,我想来想去,还是觉得这种情况不可能! 显然,黑王原本位于a7,被位于g1的白象形成了将军,而为了逃将,黑方挪走了王。但我不明白的是白方的象是如何走到g1,从而形成将军的!"

"你做得不错,华生。我感觉到你已经开始思考了。不过你仍然下意识地忽视了上一步里有棋子被吃掉的可能性。为什么会有这样的思维定式呢?"

听他这么一提示,我就想明白了:"福尔摩斯,你说得对! 黑方的最后一步是用黑王**吃掉**了位于a8的白棋,而且这枚白棋原本是位于从g1到a7这条斜线上的。这样一来,白象就可以形成闪将。那这枚白棋能是什么呢? 显然只可能是马,马可以从b6走到a8。也就是说,黑方的最后一步棋是黑王从a7移到a8,吃掉了白马。"

"完全正确!"福尔摩斯表扬了我。

这时我又想到了一个新问题,我问福尔摩斯:"在这道题目里,有必要事先给出白方在下还是白方在上吗?"

福尔摩斯回答说:"当然。如果没有这个假设前提,那么就可能有第二种答案。完全有可能是白兵走到第1横线后升变成了象。"

我又琢磨了几分钟,问道:"福尔摩斯,那是不是说,凡是遇到回溯分析,第一步要做的就是考虑其可能的最后一步是什么呢?"

"呃……也不是。"福尔摩斯回答道,"也有很多题目,你无从判断最后一步是什么,但可以判断出某一方在这局棋中一定曾经走过某一步,或者某些步。但具体是什么时候走的,却不是解题的关键。"

我问福尔摩斯是否能够举一个例子。他想了一会儿后,在棋盘上摆出了如下的局面:

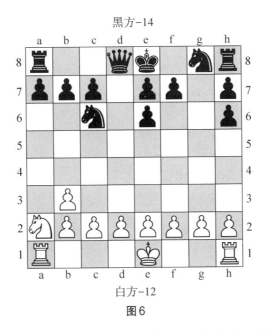

图6

"如图,黑方在上,白方在下。黑方剩14子,白方剩12子。请问白后是在哪个格子被吃掉的?"

我仔细研究着这个局面,这样推理道:"福尔摩斯,我能够看出来白方少了一枚后、两枚象和一枚马,而黑方只少了两枚象。现在位于e6和h6的黑兵各吃掉了一枚白棋。其中一枚黑兵从d7到e6,吃掉了位于e6的白棋;另一枚黑兵则是从g7到h6,吃掉了位于h6的白棋。b2和d2的白兵挡住了c1的白象,而e2和g2的白兵又挡住了f1的白象,所以我们可以知道白方的两枚象被吃掉的时候都还在起始位置,没有走出来。"

"华生,很棒。你自己能想到这么多,我真替你高兴。"福尔摩斯鼓励道。

我模仿着他的语气,开玩笑说:"亲爱的福尔摩斯,这太简单、太基础了!"但当我想进一步推理时,就遇到了困难。"好吧,我们现在知道,在e6和

h6被吃掉的棋子必然是一枚白后和一枚白马。不过,我却找不到什么理由来证明其中哪枚棋子是在哪个格子被吃掉的。"

福尔摩斯说:"让我用提问的方式来给你一些提示吧。实际上,问对问题对于解答这类题目至关重要。现在,你来想想,b3格的白兵吃掉的是什么棋子?"

"显然是一枚黑象。"我回答道。

"是起始位置在哪个格子的黑象呢?"

"显然是起始位置在c8的黑象。因为起始位置在f8的黑象始终在黑色格子里移动,而b3是一个白格。"

"非常正确!现在关键的问题来了:白象和黑后中,哪一枚是首先被吃掉,哪一枚是随后被吃掉的呢?"

"我想不出来。"我回答道。

"那么,这么说吧。白兵走到b3格,吃掉了黑象。那么白后被吃是在这之前,还是在这之后呢?"

我又看向棋盘,这次我有点明白了。"白方只有一枚兵移动过,说明白后肯定是经过a2格离开第1横线的。也就是说,起始位置在a2的白兵先移动到b3,吃掉了一枚黑棋,然后白后才能离开第1横线。而我们已经知道这枚白兵吃掉的是黑象,所以毫无疑问,黑象先于白后被吃。"

"完全正确。"福尔摩斯接着问,"现在你看出来了吗?"

"还是没有。"

"那么,你不妨接着问自己:黑兵从d7移动到e6,吃掉了一枚白棋。这发生在起始位置在c8的白象被吃**之前**,还是它被吃掉**以后**呢?"

"那肯定是黑兵**先**移到e6,吃掉了白棋,这样黑象才能走出来。"

"你说得没错。"福尔摩斯鼓励我,"华生,现在你已经集齐了所有线索,只需要把它们梳理出来就行了。"

"啊哈,现在我明白了。"我说,"先是黑兵从d7走到e6,吃掉了白棋。随后黑象离开第8横线,但到了b3时被白兵吃掉。在这**之后**,白后离开了第1

横线,但后来也被吃掉了。换而言之,在 e6 被吃掉的白棋一定不是白后。这样一来,整个过程就是:最先是白马在 e6 格被吃,接着黑象出来,在 b3 格被吃;随后白后出来,并且也被吃掉。这样我们就能推出它一定是在 h6 格时被吃的。"

"太好了,华生!"福尔摩斯说,"我想,你只要再稍加练习,很快就可以学会回溯分析了。"

4. 单色题 1:兵的颜色

有一天我问福尔摩斯:"我们所讨论过的回溯分析题目,类型包括了求谁是黑方、谁是白方的,求最后一步是什么的,还有求某个棋子是在哪个格子被吃的。是不是这就是全部的题型了呢?"

"当然不是了。"

福尔摩斯回答说,"有时候你还会遇到更有趣、更奇怪的题目呢!"

"比如说呢?"我好奇极了。

福尔摩斯想了一会儿,说:"这些题目对于现阶段的你可能有那么一点点难度……等一等! 我想到了一道题目,非常适合你现在的水平!"

我注视着福尔摩斯,只见他又摆好了棋盘。"别着急,华生。还没摆完呢!"他边说边走到了架子前,然后拿回来一个小盒子。说真的,我注意到这个小盒子很久了,但一直不知道里面是什么。福尔摩斯说:"华生,在我印象中,你有好几次欲言又止。你一定是想问我这个盒子里有什么,只是出于礼貌才按捺住了,对吧?"

我立刻就承认了:"没错。我好奇过很多次,想知道这个盒子里有什么。"

"现在,我们可以揭晓谜底了!"

不过,福尔摩斯却调皮地卖起关子来,他模仿魔术表演时魔术师的动作,慢慢地、一点一点地掀起盒盖。然后——他猛地打开盖子,拿出了——

一枚兵！这个兵的造型和福尔摩斯常用的那套完全一致，只是颜色上，它是半黑半白的。

"天哪，你从哪里搞来了这样的棋子！"我笑着问他。

"嘿，华生，这可是下一题的一部分呢！我特意保留了这枚棋子。"说着，他把这枚神奇的兵放在了g3格，于是这个局面就变成了下图所示的模样。

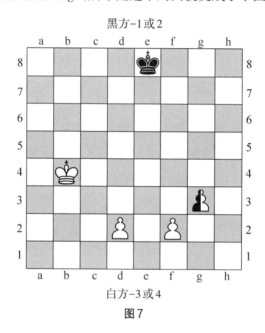

黑方-1或2

白方-3或4

图7

"在这局棋里。黑方在上，白方在下。已知这局棋里，起始位置在黑格的棋子始终只在黑格移动，起始位置在白格的棋子始终只在白格移动。那么，问题来了，g3格的兵是黑兵还是白兵？"

"太简单了。"我开玩笑说，"显然它是半黑半白兵。"

福尔摩斯也笑了，他说："不开玩笑。g3格的兵属于黑白双方的哪一方时，题目中给出的条件才能满足呢？"

我看向棋盘，可是毫无头绪。突然，有个想法在我脑海里闪过："你说没有任何棋子在移动时，从白格到黑格或者黑格到白格。那这样的话，马还怎么移动？"

"你说得很对，华生！这就显然说明任何一枚马都没有移动过！"

"那马呢?"

"显然是还在起始位置时就被吃掉了。"

所有的马在起始位置都被吃掉了。这虽然很不常见,但根据国际象棋规则也不是不可能。"这是解题的关键吗?"我问道。

"不是,至少对这道题来说不是。不过有些类似的题目里会用到这个思路。"

"那我就完全没头绪了,看不出任何线索。"

福尔摩斯提醒说:"白王的位置就是线索。"

"可是,白王可以是从a3、a5、c5、c3四个格子中任意一格走过来的呀!"我嚷嚷道。

"没错。"福尔摩斯继续引导我,"但它是怎么离开起始位置e1的呢?"

我再次看向棋盘,这一次我是彻底糊涂了——白王肯定不能是经d2或者f2这两个黑格离开起始位置e1的,因为d2、f2的兵都没有移动过。当然,白王也不是经d1、e2或者f1离开的,因为这三个都是白格。这样的话,它是怎么离开的呢? 突然我明白了——"是王车易位!"我得意地说。

"非常好! 华生,不过是王翼王车易位还是后翼王车易位呢?"

我想了一下,说:"是王翼王车易位。"

"为什么?"福尔摩斯追问道。

"因为如果是后翼王车易位,那么原本在a1的白车就要移动到d1,而a1是黑格,d1是白格。这就与题目中的设定不符了。"

"真是越来越棒!"福尔摩斯表扬我,"现在,你知道这枚神秘小兵属于哪一方了吗?"

"还不知道呢。"说完这句我突然就想到了,"我明白了! 白王易位后来到g1,它能走的黑色格必然是经h2到g3。如果神秘小兵是白棋,那它只可能是起始于h2的那个白兵,这也就意味着白王永远也出不去! 这也就是说,神秘小兵必定是黑棋!"

福尔摩斯说:"华生,你已经找到回溯分析的诀窍了!"

5. 单色题2：升变过吗

福尔摩斯对我说："华生，刚才我们所做的那种题目就叫作'单色题'，也就是说这类题目里，棋子不能从白格移动到黑格，也不能从黑格移动到白格。这类题目可以引出一些最令人意想不到的局面。下面这个例子一定会让你震惊不已！"

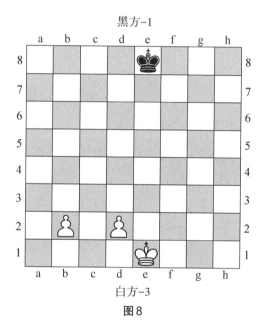

图8

"如你所见，黑方在上，白方在下。"福尔摩斯继续道，"在这局棋里，黑格里的棋子从未移动到白格，白格里的棋子也从未移动到黑格。此外，白王所走的步数小于14步。现在，请证明这局棋里一定发生过兵的升变。"

我倒吸一口气："福尔摩斯，你是认真的吧？这也太不可思议了！"

看到我如此惊愕，福尔摩斯显得有些开心。他告诉我："我确实是认真的。这个题目是可以证明出来的。"

"给我**一些**提示吧！"我恳求道。

可他却说："我已经给了。"

我有些惊讶,问:"什么时候给的?"

"线索在**上一题**里。你记不记得我们讨论过马的问题?"

这里我就不再逐字逐句地重复福尔摩斯和我的对话了,而是给出提炼后的答案。

两枚白马、两枚黑马都是在起始位置就被吃掉了。那是什么吃掉了它们呢?黑棋吃掉白马不难,白棋吃掉位于g8的黑马也不难,难的是谁吃掉了位于b8的黑马。首先,不可能是起始于d1的白后吃了它,因为题目要求白后只能在白格移动,而b8是黑格。其次,也不可能是起始于c1的白象,因为有b2、d2的两枚兵挡着,说明白象在c1时就被吃了。那么会是f1格的白象吗?更不可能,因为它同样只能在白格里移动。这样一来,如果吃掉这枚黑马的是白后或者白象,那一定是**升变得来**的白后或白象。如果吃掉这枚黑马的是**白兵**,那么这枚白兵一定升变了。我们还能接着证明这枚黑马不是由白王吃掉的,因为王走到第8线再回到第1线的步数超过了14步。此外,这枚黑马也不可能是白马吃掉的,因为白马在起始位置就被吃了。唯一还需要考虑的可能性是车。起始于a1的白车有没有可能吃掉位于b8的黑马呢?它们都位于黑格,看上去是可能的,但实际不能——这是这道题目的难点——为了让自己在同色格里移动,它每次能够前进、后退或侧移的格子数都必须是偶数。换而言之,始于a1的车永远也到不了第2、4、6、8横线!此外,h1格是白格,所以始于此格的白车也到不了b8。这样就可以证明,即使是白车吃掉了位于b8的黑马,那也一定是升变而来的白车!

当我们穷尽了所有可能性后,就可以证明:如果b8是被白方的后、象、车吃掉的,那吃它的必然是由兵升变得来的后、象或车。当然,也不能排除兵直接走到b8吃掉黑马,但这时兵同样要升变!

以上,证明完毕!

6. 单色题3:哪个格子

那天,福尔摩斯还给我出了一道单色题。他说:"在我们结束对单色题的讨论之前,我想你还应该看看这道题。这道题非常特殊,从很多方面来看都很特殊。实际上,这道题的答案一点儿也不'复杂',解题的思路也很简单。不过,这个思路只能通过直觉来得出,而不能通过复杂的推理论证来得出。"

我好奇地看着福尔摩斯摆出了如下局面:

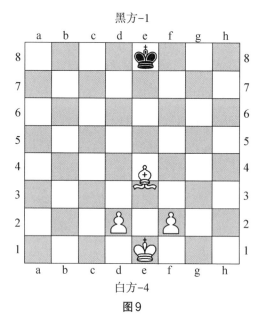

图9

我打量着这个局面,很显然,黑方在上,白方在下。不过,有一枚白象被放在了e3和e4两格之间。我想这一定是没放整齐,于是准备把它"摆正"。福尔摩斯却阻止了我:"华生,别动。那可不是没放好,而是我们的题目呢!这道题就是要求证这枚白象到底位于e3还是e4。当然,前提仍然是这局棋是单色题,也就是说黑格里的棋子只在黑格移动,白格里的棋子只在白格移动。"

我不知所措地看着棋盘,而福尔摩斯则自顾自地继续说道:"这道题的精妙之处就在于它的抽象性！这道题里,我也可以用黑象来代替白象,不影响结果;或者用兵、车、后来代替这枚象也可以——也许这一点能对你有所提示。"他越说越投入,继续喋喋不休:"其实也不一定是要某两个特定的格子,任何两个相邻的格子都可以。呃,甚至它不相邻也没关系,只要是两个不同颜色的格子就行了！实际上,我也可以把这枚白象从棋盘里拿下来,然后把题目重新表述成这样:'这是一道单色题,黑格里的棋子只能在黑格移动,白格里的棋子只能在白格移动。不过,这个局面里少了一枚棋子,它应该位于棋盘的黑格还是白格呢?'"

福尔摩斯的这一番"提示"不仅没能帮到我,反而让我更糊涂了。见我露出这样的神态,福尔摩斯恶作剧似的继续"提示"我说:"你知道吗,华生?我可以再'提示'你一点。我小时候听过这样一个'狮子与熊'的故事。狮子和熊相互撕咬对方,它们相互吞食对方,最后双方都被吃得一干二净！"

我讶然道:"这也算**提示**吗?"

福尔摩斯却好像没听到我的话一样,他继续说:"虽然当时我还很小,但常识却告诉我这不符合物质守恒的规律,所以非常荒谬！"

"这也算是**提示**吗?"我又问了一遍。

"没错,华生！这就是提示！"这一次,福尔摩斯的语气带着不寻常的急切,"你有没有注意到,如果白象在错误的格子里,就会遇到类似'狮子与熊'中同样的谬误呢? 你看,假设象在白格,那么有什么棋子能吃掉黑格里的最后一枚棋子呢? 显然不可能是白方的王或者兵,因为它们都还在起始位置没有移动过。我们就可以把题目想象成黑色的格子里有一群白棋和黑棋互相'吞食'对方。这样一来,就一定会有最后的'幸存者'！这个幸存者是谁呢? 一定是象,所以它在黑格。"[1]

---

[1] 换而言之,白格和黑格是两个独立战场,棋子们自相残杀,直到最后每个战场各剩一个赢家,白格里的赢家是黑王,黑格里的赢家必然是白象,即题目中位于两格之间的白象必须位于黑格。这里不需要考虑白王和两个兵,因为它们从未移动,可以视作未参与"混战"。——译注

我的心中涌起了阵阵崇拜:"福尔摩斯,这道题可真高明! 可以说是你给我的题目里最精妙的了! 这是谁想出来的题目?"

然而福尔摩斯的回答却令我震惊——他说:"是莫里亚蒂。"

我倒吸一口凉气,下意识地说:"这不可能!"

"就是他,华生。而且仔细想想,这也不奇怪。这道题里,棋子们赤裸裸地自相残杀的样子,不也正好反映出莫里亚蒂残忍又邪恶的本性吗?"

接下来的几分钟里,我俩沉默着,没有说话。我回忆着福尔摩斯与莫里亚蒂殊死相搏的岁月。福尔摩斯显然猜到了我在想什么,他说:"确实如此。狮子与熊相互撕咬,直到……"然后他露出了胜利的微笑,一字一句地补充道:"直到狮子笑到最后。"

7. 硬币题:神秘棋子

有一天,我问福尔摩斯:"福尔摩斯,你还记得吗? 在你刚给我介绍回溯分析的概念时,你说这类题目可以很简单,也可以很复杂?"

"我当然记得。"福尔摩斯回答道。

"那么,现在是不是可以给我出一些比较难的题目了呢?"

福尔摩斯看向我的眼神既惊讶又欣喜。他说:"华生,你对回溯分析的学习热情如此高涨,真是非常值得肯定。不过,现在还不能操之过急。你知道的,想要学会跑,就必须先学会走!"

不过,或许是命运使然,不久以后难题自己找上了我们——而我也因此有幸见识到福尔摩斯分析复杂局面。

就在这场对话发生后的第三天早上,我起得比平时晚一些。当时福尔摩斯已经在餐桌前吃着早餐,手里还拿着一封信。"早上好啊,华生!"他漫不经心地把信递给我,问我:"你想去吗?"

我逐字逐句地读起来。信是雷金纳德爵士寄来的,他邀请我们参加几天后在他家举办的"休闲聚会",聚会地点在他位于萨里郡的庄园内。他先是道歉说这么晚才给我们写邀请函,不过又强调说这只是"非正式宴请",最后他写道:"如果您和华生医生能有空来玩,我们将欢迎之至。"

几天后,当我们去到那里时,才发现宴会比我们预计的要隆重得多。雷金纳德爵士忙得几乎没时间与我们寒暄,不过我们仍然玩得很尽兴,尤其是福尔摩斯——他在会上大出风头。

我很爱读书,所以听闻雷金纳德爵士有不少珍贵的私人藏书后,就提议参观他的私人图书室。福尔摩斯和我去了以后发现,那里已经有两位客人——两位衣着华贵的绅士坐在图书室的一角,正在聚精会神地下着国际象棋。

福尔摩斯和我走上前去,问他们是否介意我们观棋。

"当然可以。"其中一位绅士愉快地向我们伸手表示欢迎。于是,我们走到棋盘跟前,看到了这样的局面:

图 10

我注意到,局面里黑方在上、白方在下。棋盘 h4 的位置放着的不是一枚棋子,而是一枚硬币。于是我问道:"我能不能问一下,为什么你们要在棋盘上放一枚硬币,而不是棋子呢?"

那位绅士回答说:"就在今天下午的时候,雷金纳德爵士的孩子们玩了这副国际象棋,其中最小的那个孩子拿着一枚棋子跑开了,然后不知道把它放到哪儿去了。佣人们找了好几个小时也没找到。"

"不用担心,肯定会找到的。"福尔摩斯问道,"是哪枚棋子丢了呢?"

令人惊讶的是,这时另一位看上去更年长的绅士站起身子,问道:"您是福尔摩斯先生吧?"

"啊,是啊。"福尔摩斯回答道。

"那么,我猜这位就是华生医生了?"

"是我。"我肯定了他的猜测。

"很荣幸见到你们。"他非常热情地说,"请允许我自我介绍一下,我是亚瑟·帕默斯顿。这是我的弟弟罗伯特。我们可都久仰您的大名呢,福尔摩斯先生!"

"您怎么知道我就是福尔摩斯呢?"福尔摩斯问道。

帕默斯顿先生大笑着说:"哈哈,这可没什么难猜的。不是神探福尔摩斯也能认出您就是神探福尔摩斯先生!"

"可您是**怎么**知道的呢?"福尔摩斯追问道。

"福尔摩斯先生,您还记得艺术家约瑟夫·阿德勒吗?"

福尔摩斯皱起眉头,若有所思地回答:"我记得。大约6个月前,我在一家酒吧里见过他。阿德勒先生是一位漫画家吧?"

"是的,没错! 就是他!"帕默斯顿先生激动地说,"昨天中午吃饭的时候,我们正好说到你。于是他拿了一张旧牛皮纸,当场画了一幅你的肖像漫画。有机会的话,我一定要给你看看这张画! 虽然是用了夸张的笔法,但他把你的**气质**把握得很好。有了这张画,我想不管你走到哪儿我都能认出你来!"

"啊,好吧! 不过帕默斯顿先生,您还没有告诉我是哪一枚棋子弄丢了呢!"

罗伯特·帕默斯顿却玩心大起,说:"如果你真的是神探福尔摩斯,那你一定能反过来告诉**我们**,丢失的棋子是哪一枚吧?"

福尔摩斯好脾气地回答道："这可不太公平,先生。如果通过逻辑推理,可以从局面中分析出哪一枚棋子丢了,那么我一定就能推理出来。但是您也知道,实际情况里,大约只有1%的局面是适用于回溯分析的。"

"那么,我愿意用100:1的赔率来赌你猜不出丢失的棋子是什么。"罗伯特·帕默斯顿说。

福尔摩斯想了一会儿,说："其实这个赌约并不公平——是**对您**不公平。如果我随便**瞎猜**,猜中的概率大约是十分之一,而您给出的赔率却是100:1。所以,我当然愿意打这个赌,只是这么做并不公平。"

于是帕默斯顿修正了这个赌约,说道："我应该这么说,福尔摩斯先生,我用100:1的赔率,赌你**想不出来**哪一枚棋子丢失了。"

福尔摩斯接着又问："你怎么知道我是**想出来**的,还是**瞎猜**的呢?"

"我的意思是说,"帕默斯顿接着补充说,"我用100:1的赔率,赌你不能正确说出并且**证明**出是哪一枚棋子丢失了。"

福尔摩斯想了一下,然后回答道："帕默斯顿先生,我平时可不爱打赌。不过我必须承认,您的这个赌约我很感兴趣。好吧! 我接受! 只是您给我多少时间呢?"

"你需要多少时间呢?"帕默斯顿问道。

"半小时,如何?"福尔摩斯说。

"成交!"帕默斯顿说,"正好我和我弟弟坐着下棋时间有点久了,需要起身活动活动。我们到外面走一圈,半小时后回来。如果我们回来时你能想出结果,那我会非常高兴地把赌注给你!"说完,他就带着弟弟走了。

目送两位帕默斯顿先生离开后,福尔摩斯开始仔细研究棋盘。不过这道题目对我来说显然太难,所以我没有和他一起研究,而是浏览起了雷金纳德爵士的藏书。正如传闻中所说的那样,他的藏书非常丰富! 例如,他的藏书里居然还包括了沙夫茨伯里伯爵安东尼·库珀的第一版《人物性格》,而且还是出版于1710年的首版! 我找了一个舒服的位置坐下来,准备好好享受一下半小时的阅读时光。不过只过了15分钟,我就听到福尔摩斯兴奋地喊道:"我明白了! 华生! 我明白了! 我简直要等不及他俩回来了!"

巧的是,又过了5分钟,两位帕默斯顿先生就提前回来了。"别担心,福尔摩斯!"亚瑟·帕默斯顿说,"你还有10分钟呢! 我们回来不会影响到你吧?"

"不影响。"福尔摩斯说,"实际上,我已经解开这道难题了!"

"真的吗?"帕默斯顿惊喜地喊道,"这太不可思议啦! 刚才罗伯特和我在外面还讨论呢! 您现在应该已经知道了,我俩的这一盘棋下得很'离经叛道',虽然我们确实是按照规则在下棋。我俩都认为我们下过的棋招早就无迹可寻了,你肯定猜不到的!"

"确实有些小的棋招我也不能推断出来。"福尔摩斯说,"但一些关键步数仍然有迹可寻。这就足以让我推断出这枚硬币所代表的神秘棋子是什么了。"

两位帕默斯顿先生和我在桌前坐了下来,像学生看老师那样,用求知的眼神看着福尔摩斯站着给我们讲解。

福尔摩斯开始了他的讲解:"第一条线索,显然是d7格的白车正在将军。白方是怎么走到这一步的呢? 对此我困惑了一小会儿,然后意识到白方的最后一步必然是c7格有一枚兵斜走一格,吃掉了d8的黑棋,然后升变成了白车。"罗伯特·帕默斯顿面带微笑地说:"确实是这样,这步棋是我下的。很少人会这样升变。"

福尔摩斯继续说:"接下来我考虑的问题就是:白兵在d8吃掉的是哪一枚黑棋呢? 肯定不能是黑车。为什么这么说呢? 因为黑车会对h8格的白王形成将军,而且在走到这个格子之前就已经将军了,所以是不可能走到这里的。此外,没有任何白棋可以从e8、f8、g8的位置来到现在的位置,从而形成闪将,即使那枚神秘棋子也不行。这就证明d8格被吃掉的不可能是车,同理也不可能是后。"

"等一下!"我打断了福尔摩斯,"为什么不可能是后斜着走到这个位置呢? 比如从b6到d8?"

"因为,"福尔摩斯慢悠悠地回答道,"d8格的棋子被吃之前,c7格有一枚白兵。"我感觉自己好蠢,决定不再贸然提问。于是,福尔摩斯接着说:"所以,d8格被吃掉的一定是马或象。"

"等一下!"我完全忘记了一分钟前刚发过的誓,又打断了福尔摩斯,"棋盘上已经有两枚黑马了,怎么可能还有一枚马呢?"

"华生! 不是吧?!"福尔摩斯的声音里带了一丝怒其不争,"为什么你总是忘记兵的升变呢?"我又一次感觉自己蠢透了,于是再次下定决心只听不说。

福尔摩斯接着又道:"这枚棋子当然可以是马,只是这样一来,它或者另两枚马中必有升变而来的马。"不知道为什么,亚瑟·帕默斯顿听到这话时,脸色白了几分。"反过来说,如果这枚棋子是象,那必然是升变而来的象。"

又一次,我没忍住,问道:"为什么呢?"

这一次,福尔摩斯的语气非常温和,他说:"因为e7和g7两个格子的兵都还在,说明起始位置在f8的黑象还没出来就被吃了。"①

"好吧,确实显而易见。"我回答。

福尔摩斯接着说:"这样一来,我就证明了这局棋里,一枚黑方的兵进行了低升变。"②

"难以置信!"亚瑟·帕默斯顿说,"确实,我也进行了低升变! 这是我走的一步很奇怪的棋。罗伯特和我觉得你可能会想到他的低升变③,但我没想到,**我的**低升变你也能看出来!"

"这很基础,没什么大不了的。"福尔摩斯说,"最关键的部分还没到呢! 分析到这里,我已经可以推断出神秘棋子一定是白棋了。"

"怎么分析出来的?"罗伯特·帕默斯顿追问道。

"首先,它不可能是黑车或者黑后。因为这样一来,双方的王就同时被

---

① d8是黑格,所以只需要考虑起始于黑格的象,即f8的象,而无须考虑起始于白格的象,即起始于c8的象。——译注
② 低升变即把兵升变为比后小的棋子。——译注
③ 即白方的低升变。——译注

将军了。"

"同意。"

"它也不可能是黑兵,因为棋盘里只少了一枚黑兵,而我们已经知道有一枚黑兵升变成了象或者马。最后,它也不可能是另一枚黑马,或者是起始于f8的黑象。它也不可能是其他升变而来的象,因为那样的话就必须有其他兵升变,而棋盘上只少了一枚兵。这样我们就能推断这枚神秘棋子一定是白棋。"

"太棒了!"罗伯特·帕默斯顿说。

"现在是最难的部分了。"福尔摩斯继续道,"他是白色的什么棋子呢?肯定不能是兵。棋盘上只少了一枚白兵,而那枚兵已经升变成了白车。那么,这枚神秘棋子可以是白方的后、车、象或马。但具体是哪枚呢?我一开始想是不是能逐一排除各种可能性,但没有成功。这时,我以为这题要无解了。不过我突然想到一个方法,如果奏效,就可以一下子排除后、车、象、马这四者里的三者!"

"我首先问自己,是哪一枚黑兵升变了呢?这不难。局面中a6的黑兵原本在b7;现在在c5、d6的黑兵原本分别在c7和d7,因此现在在c4的黑兵原本在f7。这就是说,因升变而从棋盘上消失的兵原本在h7。接下来,我问自己:那么这枚兵在哪个格子发生了升变呢?它肯定不是沿着h竖线直走的,因为位于h2的白兵还没移动过。这就说明,这枚黑兵至少吃了1枚白棋。但它也不可能吃了2枚以上白棋,因为目前的局面中有11枚白棋,其中包括h4格的神秘棋子(我们现在已经证明了它一定是白棋)。所以,棋盘里一共少了5枚白棋。这5枚里,1枚是在a6位置被黑兵吃掉的,3枚是目前c4的这枚黑兵从f7斜走3格的过程中吃掉的。这些已经占去了4枚,也就是说从h7出发的白兵吃掉的棋子不多于1枚——既不能少于1枚,也不能多于1枚,那肯定就是1枚——所以这枚兵是在g1位置升变。"

"你知道吗?"亚瑟·帕默斯顿说,"看到自己下的棋被人用这种方式'复盘'出来,感觉真是非常神奇,难以描述。"

福尔摩斯笑了。他说:"胜利的曙光就在眼前了。现在就要到整个分析过程中最关键的部分了!我当时不知怎么就想到了这样一个问题:我们知道起始位置在h7的这枚黑兵在g竖线吃掉了一枚白棋,但具体是在**哪个格子**吃的呢?乍一看像是在g2,就是目前g3格白兵的**下方**。①但果真如此吗?有没有可能g3位置的兵是从f2过来,使得黑兵可以在g竖线畅行无阻呢?假如g3的白兵确实来自f2,那就是说这个从f2到g3的过程伴随着一次吃子。那就意味着d8格的白兵(此刻已经升变成了白车)一定来自g2,并且沿途吃了5枚黑棋——从g2到c6的过程中吃了4枚,从c7到d8的这一步吃了一枚。这样一来,一共就有6枚黑棋被吃。因为棋盘上确实还有10枚棋子,所以这种可能性粗看是存在的。"

"那为什么实际上不可能呢?"我问。

"华生!"福尔摩斯无情地指出了我的疏忽,"别忘了我们早就说过,f8位置的黑象还没移动,就在起始位置被吃掉了!"

"呃,是的。"我讷讷地回答道。

"先生们,也就是说,如果这种假设成立,那么这局棋里被吃掉的棋子,至少就要比现在**更多一枚**。也就是说,g3格的兵只可能来自g2,**不可能来自f2**。因此,黑兵**只可能**在g2格吃子,而且吃掉的也不是兵!"

"可我们为什么要分析这个呢?这和结论有关吗?"我问道。

"当然有关,非常有关!"福尔摩斯大声地说,"这可是整道题的关键!"

"此话怎讲?"

"g2是**白格**,后来发生升变的黑兵是在这里吃子。从b7到a6,黑兵又在**白格**吃了一枚棋子。从f7到c4,黑兵又在三个**白格**吃了3枚棋子。棋盘上共有11枚白棋,说明共有5枚棋子被吃,而这都发生在白格中。而白棋中有一枚棋子是不可能在白格中被吃掉的,那就是起始位置在c1的象!假如神秘棋子不是这枚象,那这枚象就会在某个白格被吃掉,而这是不可能的。所

---

① 先有白兵从g2前进到g3,随后黑兵从h3到g2,并且吃掉了后来占据g2的白棋。——译注

以,先生们,你们用硬币代替的神秘棋子,一定就是白象!"

我们三人呆若木鸡地听完福尔摩斯的分析,谁也说不出话来。福尔摩斯的分析环环相扣、严丝合缝、无懈可击。我一边惊讶于福尔摩斯的分析,一边又忍不住想,一直都**知道**这就是白象的两位帕默斯顿先生,此时此刻会是怎样微妙的心情。

巧合的是,图书馆的大门突然被人推开了。仿佛是命中注定一般,一位男仆举着棋子——一枚白色的象——走了进来。他越走越近,大声宣布道:"先生,遗失的棋子找到了!"

8. 王车易位题1:怎么知道

一个月后,我们又收到了雷金纳德爵士的聚会邀请,于是欣然前往。这次聚会的规模比上一次小得多。

雷金纳德爵士带我们走进图书室,帕默斯顿兄弟俩也在,这让我们颇为高兴。此时,亚瑟·帕默斯顿刚刚走完一步棋,他走的是白马。他们两人看见我们,兴奋地跳了起来。一番寒暄过后,我们落座了。

雷金纳德爵士率先开口说:"上个月我没能亲眼见证你解开神秘棋子的难题,这可真令人遗憾。当然,亚瑟和罗伯特给我详细讲述了你的推理过程。福尔摩斯,你可真聪明!"

福尔摩斯一如既往地"狂妄",他说:"实际上,那天回家以后,我发现还有一种更简洁的方法可以解出这道题。当时没想到,真是有点傻了!没错,实际上,如果我当时不是单纯靠着逻辑推理,而是能用上经验,本可以在更短时间里解出来的!"

帕默斯顿兄弟几乎异口同声地问:"怎么解?"

"哎呀!"福尔摩斯狡黠地笑着,说,"你们俩出去溜达的时候可没有带上棋子。我把装国际象棋的盒子打开数一数少了哪枚棋子不就行了吗?"

大家一阵哄笑。随后的话题就变成了:如果福尔摩斯真的投机取巧,偷看了棋子,能不能算是赌赢了。雷金纳德爵士坚持说这样不算,因为赌注里明确说了不仅要正确**说出**棋子,还要给出**证明**;而亚瑟·帕默斯顿则表示可以算福尔摩斯赢。

他说:"这取决于你怎么定义'证明'一词。毕竟,证据可以分为两类,演绎式的和归纳式的。在赌约里可没有说证据必须是演绎式的。"亚瑟·帕默斯顿顿了顿,接着说,"即使福尔摩斯当着我们的面打开放棋子的盒子,把盒子里和桌上的31枚棋子摆整齐,从而'证明'缺少的是哪一枚棋子,哪怕有逻辑学家在场,想必也无法否认那也是一种'证据'吧?"

他们俩的观点显然各有道理,于是大家又开始讨论起"证据"一词的定义和含义。与此同时,福尔摩斯却对帕默斯顿兄弟没下完的棋局逐渐产生了兴趣。他从口袋里拿出一本笔记本,撕下一张纸,在其中一面上写了起来。接着,他把纸对折,把有字的一面折了进去;随后,又在这半张纸上写了什么,再对折,把新写的字也折了进去。最后他把折好的纸放在了棋盘的一侧——不是放在某个格子内,而是挨着棋盘边缘。当时棋盘上的局面是这样的:

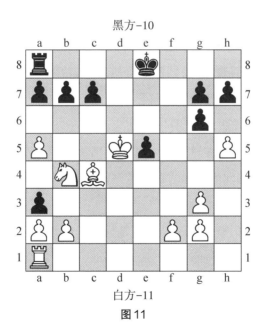

图11

福尔摩斯说:"你们知道吗? 这局棋很有意思。我想看你们下完。"

"当然。"雷金纳德爵士也说,"要不你们两人接着下? 我非常愿意观战!"

于是,帕默斯顿兄弟俩回到桌前各自坐下。大约一分钟后,罗伯特·帕默斯顿把左手放在王上、右手放在车上,准备王车易位。亚瑟抬起头,正要说什么时,福尔摩斯"腾"地跳起来说:"不,帕默斯顿先生,在你下这一步棋前,请你打开棋盘边上的纸——只打开一半——然后把我写的字读出来,好吗?"

罗伯特打开纸,大声读道:"别假装王车易位,你又不能真的王车易位!"

罗伯特惊讶极了。或者说,我还第一次见到有人那么惊讶。他嚷道:"天哪! 福尔摩斯,太难以置信了! 你怎么知道我想王车易位,又怎么知道我不能王车易位? 这简直是谜上加谜!"

"别急。"福尔摩斯笑了,"如果你把纸完全打开,再读一下,那么至少有其中一个谜会解开。"

罗伯特照做了,他摊开纸,读道:"在我仔细研究这个局面时,罗伯特·帕默斯顿也在研究**我**。我想他知道我已经有所发现,我猜他继续下棋时,一定会耍诈,假装要王车易位。"

雷金纳德爵士假装生气,骂罗伯特胡闹。随后他问福尔摩斯:"那第二个谜又是怎么回事呢? 您能不能解释一下,您怎么知道他不可以王车易位? 是用归纳法还是演绎法来'证明'的呢?"

"哦,这可是纯粹的推理演绎。"福尔摩斯笑道,"只有一点,那就是在进图书室的时候,我确实看到白方的最后一步棋是走了马。这一点你注意到了吗,帕默斯顿先生?"

"啊,当然。"罗伯特回答道,"要不是你看到白方的最后一步,一定不可能知道我是不能王车易位的!"

"没错。不过你怎么知道这一点的呢?"福尔摩斯问道。

"是这样的,福尔摩斯先生,从上个月到现在,我也花了些时间,研究了一下回溯分析呢!"

"非常棒! 真的非常棒!"福尔摩斯表扬道,"那我想你应该已经知道了我是怎么分析的吧?"

"我想是的。"罗伯特说,"只是我还想听你亲口说一遍,看看和我想的是不是一致。"

"非常棒!"福尔摩斯又一次肯定了罗伯特。随后他开始解释自己的推理过程:"首先,我们注意到,黑棋共有6枚被吃,而且都是由白方的兵吃掉的——位于g3的白兵吃掉了1枚,位于h5的白兵吃掉了3枚,所以位于a5的白兵只可能吃掉了2枚。①此外,白方的最后一步棋**不是**走的兵,而是走的马。既然所有被吃的黑棋都是被白兵吃掉的,那么这枚马一定**没有**吃子。也就是说,在白方的最后一步棋之前,棋盘上的黑棋不仅与现在一样多,而且位置也一样。"

"非常清晰。"我说。

于是福尔摩斯继续道:"那么,这样一来,黑方的最后一步棋是什么呢?如果是走了王或者车,那显然就不可能王车易位了。如果没有走王,也没有走车,那最后一步必然是走了a3、e5或g6中的某一枚兵。嗯,显然e5这枚兵不是黑棋的最后一步。"

"为什么不可能是它?"雷金纳德爵士不解地问。

"原因如下:a3位置的黑兵如果起始位置在d7,那么它至少需要吃3枚棋子才能到现在的位置;如果它的起始位置在e7,则需要吃4枚棋子才能到现在的位置。另外g6位置的兵显然来自f7,需要吃掉1枚棋子才能到现在的位置。白方现在还剩下11枚棋子,说明总共被吃掉5枚,而现在这2枚兵就至少已经吃掉了对方4枚——也就是说,现在在e5的这枚黑兵,不可能吃掉过2枚棋子。"

"目前为止这部分我都同意。"雷金纳德爵士说。

---

① 注意a5的白兵起始位置在c2,而非d2,这个结论后面会用到。——译注

"那么,也就是说,现在在 e5 的这枚兵,它的上一步不可能是从 f6 走过来的。因为这意味着它要从 e7 走到 f6,再到 e5,这个过程要吃掉 2 枚棋子。"

"没错。"我说。

"另一方面,它的上一步也不可能是从 d6 到 e5。因为这样一来,它的起始位置就得是在 e7 或在 d7——在 e7 的话同样要吃 2 枚棋子,所以不可能,在 d7 的话 a3 那个兵就得是从 e7 出发一路吃 4 枚棋子抵达 a3。这种情况下,a3、e5 和 g6 位置的 3 枚兵总共要吃掉 6 枚棋子,超过了实际情况。所以,这样就证明了 e5 位置的黑兵,上一步的位置也不可能是 d6。"

"很好。"罗伯特·帕默斯顿说。

福尔摩斯继续道:"这样一来,如果黑棋的最后一步走了 e5 这枚棋子,那它只可能是从 e6 或者 e7 出发。e6 出发的情况可以排除,因为兵在 e6 可以对白王形成将军;从 e7 出发也不可能,因为那样的话,f8 位置的黑象就不可能离开第 8 横线,然后被白兵吃掉。"

"说得非常好!"雷金纳德爵士说。

"这样一来,"福尔摩斯接着说,"我们就可以证明,黑方最后移动的棋子不可能是 e5 位置的兵——我们仍然假设黑方的王和车不是最后移动的棋子——那最后移动的就是 g6 或者 a3 位置的兵。接下来我要证明的是,如果黑方最后移动的棋子是这两枚兵中的**任何一枚**,那么黑王一定会在这局棋的某个时刻移动过。当然,这两种情况的理由是不同的。现在,假设 g6 的黑兵是最后一步棋,那么黑王肯定在这之前要移动过,才能让王翼的这枚黑车离开第 8 横线,并在后来被白兵吃掉。"

"这个证明太巧妙了!"我说。

"g6 最后移动的情况比较容易证明,但 a3 最后移动的情况就比较复杂了。假如黑方的最后一步棋是 a3 这枚兵,那它只可能是从 a4 移动过来的。关键点来了:既然上一步是从 a4 到 a3,那么它的起始位置一定是 d7,并且在 c6、b5、a4 这 3 个格子各吃掉 1 枚白棋。这 3 个格子**都是白格**,并且 g6 格的兵也在白格吃掉了 1 枚白棋。也就是说,被吃掉的 5 枚白棋里,有 4 枚是在白格被吃掉的。我们知道,白方后翼的象起始位置是c1,而这是一个黑格,所以这枚白象不可能是被在a3或g6的兵吃掉的。那么,这2枚黑兵吃掉的白棋中,一定包括了起始于d2的这枚白兵。这就导致了一个问题:这枚兵只有先离开d竖线,才可能被a3或g6这2枚黑兵吃掉。但这怎么可能呢?因为黑棋总共被吃掉了6枚,而我们已经证明了是a5、g3和h5这3枚白兵吃掉了6枚黑棋。唯一的可能性是起始于d2的兵发生了升变。也就是说,如果a3位置的黑兵是最后移动的黑棋,那么起始于d2的白兵一定发生了升变——它一定是沿着d竖线一路向前,在抵达d7位置时,黑王一定会挪开——或者除非它当时已经挪开了。因此,这种情况下黑方也是不能进行王车易位的。"

"简而言之,先生们,要么黑方的最后一步棋移动了王或车,使得黑方不满足王车易位的条件;要么最后一步棋走的是g6,说明黑王此前移动过,好让王翼的车出来;要么最后一步棋走的a3,通过d2的白兵升变来证明黑王移动过。我不能推断出实际情况是这三者中的哪一种——只有当时对弈的两位帕默斯顿先生才知道具体是哪一种——但无论如何,黑方都不可以进行王车易位。"

9. 王车易位题2:入门题2则

福尔摩斯分析得头头是道。待他说完,罗伯特·帕默斯顿和我们都鼓起掌来。福尔摩斯调皮而夸张地鞠了一躬。

福尔摩斯说:"你知道吗?这个局面非常难得,可以说是这些年来我遇到的'王车易位题'里最难的一道了。实际上,有文献记载的国际象棋回溯分析题也大多属于此类,而我首次接触回溯分析时,遇到的也是一道'王车易位题'。"

"你还记得那道题目的细节吗?"雷金纳德爵士饶有兴趣地问道。

"当然还记得。"福尔摩斯回答道,"只是有点过于简单,你未必会感兴趣。"

"不妨让我们见识一下？你的入门经历一定非常有趣,而我们也可以把你初学时的水平和自己作对比。"

"好吧,让我想想,我不想把这局棋打乱。雷金纳德,你还有第二副国际象棋吗?"

"我还真有。"雷金纳德爵士说着走到一个上了锁的柜子前,"上个月被孩子们差点弄丢棋子以后,我就把柜子锁上了,免得客人们想下棋的时候不方便。"

雷金纳德爵士说完,拿出了一块便携式棋盘和另一副棋子,放在了旁边的桌上。福尔摩斯上前摆出了如下局面:

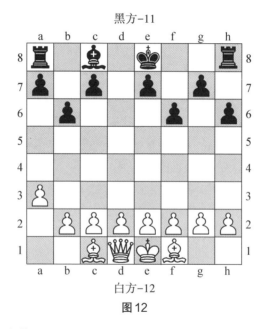

图12

"现在轮到黑方落子。"福尔摩斯指着棋局说,"黑方可以王车易位吗?"

福尔摩斯说这道题"简单",所以我想我或许可以一试。不瞒你们说,我可是第一个回答出来的人呢!虽然这道题令我绞尽脑汁,而且在阐述时我也犯了一些小小的错误。不过,这些小错误无伤大雅,大多是思考得不够完善,而不是推理的错误,所以总体上我对自己能解出这道题还是非常自豪的。下面是我查缺补漏后的分析:

　　很显然,白方最后一步棋走了兵。黑方的最后一步棋则必然吃掉了白方在倒数第二步棋中走出来的白棋。这枚被吃的白棋一定是马,因为车此时是不能离开第1横线的。那么,是谁吃了它呢? 显然,黑方仍在局面中的7枚兵都没有吃过子,所以白马不是这些黑兵吃掉的。位于a8的黑车也不可能吃马,因为马只可能从b6或c7到a8,而这两个格子都已经被占据。同理,黑象也不可能吃马,因为如果那样的话,马的前一个位置只能是d6,而这个位置会形成将军。因此,吃掉这枚马的一定是黑方的王,或者王翼一侧的车——也就是说,黑方不可以王车易位。

　　大家对我的解答表示满意。福尔摩斯显然也为我这个学生感到骄傲,表扬我是"实践出真知"。

　　"再给我们出道题吧!"雷金纳德爵士说。

　　"对啊,再来一题简单的吧!"亚瑟·帕默斯顿说,"可以比上一题稍微难一点儿,但也别像罗伯特和我下的那盘棋那么难。"

　　福尔摩斯想了一会儿,然后说:"有了。下面这道题不太难,却又很经典。我想大约能符合你们的要求。"随后,他在棋盘上摆出了这样的局面:

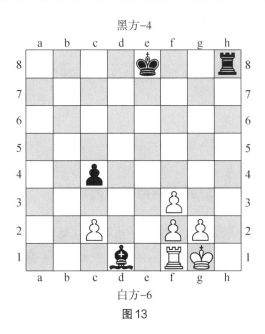

图13

"在这个局面里,黑方在上,白方在下。已知白方和黑方在最后一步棋都没有吃子。现在轮到黑方走了。请问,黑方可以王车易位吗?"

这一次,罗伯特·帕默斯顿率先给出了答案。他的思路简单而清晰:

"最后一步棋,走的不可能是f3格的白兵,因为这样必然涉及吃子;也不可能是白车从e1移到f1,因为e1这个位置已经形成了将军。假设最后一步棋是白王移动了(从h1到g1),那么根据题目中说的,没有吃子,就可以推测出黑方的最后一步棋是黑车移到h8将军。这种情况下,黑车必然已经移动过(才能在这一步"回到"h8),所以白方如果最后一步棋走了王,那么黑方一定不能王车易位。当然也存在白方最后一步棋是王车易位的可能性,那这就说明白方的王和车此前都没有移动过。假如是这样的话,那黑方的最后一步棋是什么呢? 如果是移动了黑车或者黑王,那显然不可能王车易位;移动了黑象是不可能的,因为那样的话白棋的再上一步无棋可走。再来看黑棋最后一步走了兵的可能性,那再前一步白方唯一能走的是白兵从e2到f3,并且吃掉一枚黑棋。这就说明d1位置的黑象只可能由升变得到,而不可能是从别处斜走过来的。在升变之前,它必然经过d2,对白王形成将军,迫使它逃离! 这就与白方后来进行王车易位的假设相矛盾。

"总而言之,如果白方的最后一步棋是移动了王,那么黑方的车一定是从别处过来将军的,即黑方不能王车易位。如果白方的最后一步棋是王车易位,那么黑方的最后一步棋只能是移动王或者车,使得黑方同样不能进行王车易位。"

10. 脑筋急转弯1:雷金纳德爵士的玩笑

矮胖子汉普迪·邓普蒂对爱丽丝伸出胖胖的大手:

"说到诗歌,我的诗朗诵比起别人来也毫不逊色。请听……"

爱丽丝急忙喊道:"哦,不需要,不需要!"希望可以阻止他。

而他却无视爱丽丝的阻拦,继续道:"我接下来朗诵的这首诗,是专门为

您而写的。"

爱丽丝想,既然如此,那她应该听一下。于是她坐下来,不情不愿地说:"谢谢你。"

——刘易斯·卡罗尔

我们对罗伯特的解答非常满意。雷金纳德爵士露出了**十分狡黠**的神色,他说:"福尔摩斯先生,我也为你准备了一道题目。我等了整个晚上,现在才有机会给你看。"

福尔摩斯看上去有些累了,对此显得兴趣索然。

"接下来我要呈现的作品,"雷金纳德爵士用最为欢快的语气说,"完全是为您而作!"

据福尔摩斯后来承认,当时他觉得"既然如此,那他应该看一下"。于是他坐下来,不情不愿地说:"谢谢你。"

雷金纳德爵士的语气更加欢快了,他说:"好的,福尔摩斯先生!您**一定会**对这道题目感兴趣的。而且哦,这道题可是我自己想出来的!"

"哦?"福尔摩斯敷衍地说。

雷金纳德爵士兴奋地搓起手来:"没错!受到你上个月那道'神秘棋子'的启发,我这道题和你那道**相似**,也是要找出棋盘上的'神秘棋子'代表什么。"

"真的吗,现在?"这下福尔摩斯终于提起了兴趣,"这样的话,我**倒还真的**挺想看看。"

"我就知道你一定会想看的。"雷金纳德爵士说着在棋盘上摆出了这样的局面:

黑方-9或10

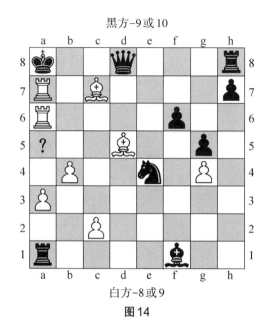

白方-8或9

图14

雷金纳德爵士在a5格放上了一枚硬币:"我的问题是,a5格的棋子是什么?"

我们看向棋盘。我几乎是立刻就意识到,这其实是雷金纳德爵士的一个玩笑,于是在心中暗笑。几秒钟后,亚瑟和罗伯特兄弟也意识到了这一点。我们四人眉来眼去,努力憋住不笑。不过,福尔摩斯却没有发现我们的小动作,他正全神贯注地研究着局面。他喃喃自语道:"让我们看看。黑方正被将军。白方的最后一步棋是什么? 显然是白车从b7到a7并且吃了一枚黑棋。我想接下来的问题就是:被吃的黑棋是什么呢? 如果是车,那就说明黑方的兵一定升变过……"

这时候,我们再也忍不住了,全都大声笑了出来。

"我可不觉得这有什么好笑的。"福尔摩斯恼火地说。

"不是吧? 不是吧?"雷金纳德爵士说:"我不忍心再逗你了,福尔摩斯!棋盘上显然缺了白王呀!"

很快,福尔摩斯就和大家一起大笑起来。"太经典了! 太经典了! 我告诫了华生很多次:'关注细节的同时要看大局!'结果我自己倒是犯了同样的错误!"

11. 脑筋急转弯2:雷金纳德爵士的回访

又过了一个星期,雷金纳德爵士和帕默斯顿兄弟俩来拜访我们。还没到约定的时间,福尔摩斯就早早摆好了棋子。随后,他坐到壁炉旁,笑得合不拢嘴。

我注意到他的反常,问他:"福尔摩斯,你怎么笑得像个偷了腥的猫儿?"

"哦,华生!"福尔摩斯大笑着说,"上次雷金纳德捉弄我,今天我也要好好捉弄一下他!我简直等不及要看他的反应了!"

我们没有等太久,几乎是福尔摩斯刚说完这话,房东哈德逊太太就领着三位客人进来了。

雷金纳德走到福尔摩斯摆好的棋局前,问道:"咦,福尔摩斯,这是什么?"

"啊哈,雷金纳德爵士。这可是我为您**特意准备**的一道小小题目!在这个棋局里,现在轮到白棋走子,怎样在一步内将杀黑王呢?"

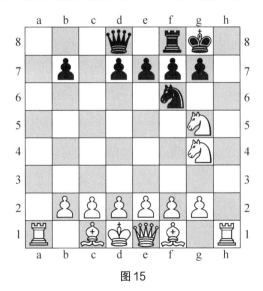

图15

"有意思。"雷金纳德爵士大致看了一下局面,说,"我看不出哪个棋子能将军呀?"

随后,雷金纳德爵士仔细研究起这个局面。又过了好一会儿,他摇了摇头说:"好吧,福尔摩斯,我认输。我实在是想不出来。白方只有走g4格的马才能将军,要么到h6将军,要么到f6吃掉黑马将军。可这两种方法都不能将杀黑王呀!"

"你确定吗?"福尔摩斯问道。

"那当然。如果白马走到h6,那黑王可以移到h8;如果白马吃掉f6的黑马,就会被黑兵吃掉!"

"不,黑兵绝不可能吃这枚白马。"福尔摩斯笑了,说:"因为这局棋是黑方在下,而白方则在上! 虽然这局棋看上去确实是白方在下,但你仔细想想,如果真是这样的话,那王和后是怎么交换位置的呢?"[1]

"哎哟!"雷金纳德爵士笑着说,"这次你可真是把我骗到了! ……为了挽回我的尊严,我也要再给你出一道题! 你的这道题给了我灵感,也许这回我可以难倒你!"

"好啊,放马过来吧!"福尔摩斯斗志昂扬地说。

"不过,还有一点点小问题。"雷金纳德爵士说,"因为我才刚有灵感,所以我还需要一些时间来测试想法。我要用棋盘来验证我的思路,不过如果你看到我移动棋子,也许就窥测到我的思路了。"

"那样的话,"福尔摩斯说,"我觉得我和在场的其他人可以都到对面房间避一避,好让你能在棋盘上随意尝试。"

"这就太好了!"雷金纳德说,"不过可不要偷看哟!"

福尔摩斯笑着承诺"绝不偷看",和我们一起走出了房间。

我们坐在一起愉快地聊天。福尔摩斯信守承诺,没有朝雷金纳德爵士的方向投去任何一瞥。不过,我可没有承诺不偷看,所以我时不时回头偷看

---

[1] 此题灵感来自于《美国谜题家》中的一个类似问题。——作者

一眼。不过,或许是我偷看的时机不对,总之并没有发现什么线索。

大约10分钟后,雷金纳德爵士大声呼唤我们:"福尔摩斯! 我已经弄好了! 快来吧! 题目和上一题一样,白方要在一步内将杀黑王!"

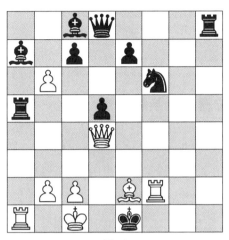

图16

福尔摩斯仔细研究着局面。过了一会儿,他说:"雷金纳德爵士,这一次我好像被你难倒了。这里面藏着什么小把戏? 我可一点儿也看不出来。要不是因为上一道'脑筋急转弯'似的题目,我一定会以为这是讨论白方黑方谁在上谁在下的题型。不过就算研究出谁是白方谁是黑方,又有什么用呢?不管谁在上,都不能将杀呀!"

"你错了哦!"雷金纳德爵士得意洋洋地说。

"不对吗?"福尔摩斯疑惑道,"那你能不能告诉我,白方和黑方究竟谁在上,以及该如何将杀呢?"

雷金纳德爵士大笑,说:"白方既不在上,也不在下! 你看,棋盘被翻转啦! 正常来说,棋盘右下角应该是**白格**,现在却是**黑格**! 你转过来看,就会发现无论白方在哪侧都有办法将杀! 如果白方在右侧,那么现在b6格的白兵可以吃掉a5格的黑车,并且升变成后或者象,这样就能将杀黑王。如果白方在左侧,那么现在c2格的兵向前一步到d2格就可以完成将杀!"

"太恶搞了!"福尔摩斯笑得很开心,说,"怪不得你不让我们看你摆棋子! 这样你才能偷偷把棋盘转个90°!"

"说对了。"雷金纳德爵士爽快地承认了。

"好吧,雷金纳德爵士。我要授予你'国际象棋脑筋急转弯大师级'荣誉称号!"

12. 王车易位题3:变换题2则

接下来,我们就没有再玩这样的"脑筋急转弯"了,而是认真研究了两道回溯分析题。这两道题都是福尔摩斯出的,如果各位读者能仔细阅读研究,想必也会像我一样从中受益良多。

"来吧! 看这道题!"福尔摩斯说,"在这道题里,你要证明白方不能王车易位。说真的,这道题证明起来不难,只是**证明的方法**着实另辟蹊径!"

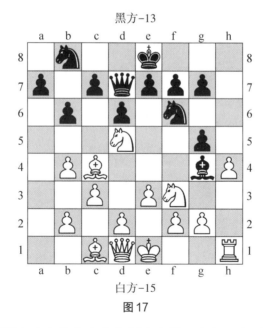

图 17

最终的证明方法也着实令我们颇为意外! 白方只少了一枚棋子,是一枚白车;黑方少了两枚车、一枚象,而象又是在起始位置f8被吃的。这就说明,b4格的白兵吃掉一枚黑车,而g5格的黑兵吃掉了一枚白车。这两者中,一定是黑兵吃白车发生在前,因为只有黑兵吃了白车,两枚黑车才有机会出来,这才有了后来黑车被吃的情形。但是,被吃掉的那枚白车怎么可能在b4格的白兵吃掉黑车前就出来,并且走到被吃的位置呢? 唯一的可能性就是现在在h1位置的车原本在后翼。所以,从头梳理先后顺序,就是:先是王翼的白车出来,被黑兵吃掉,于是有一枚黑车得以出来,随后被白兵吃掉;这之后,a1的白车兜兜转转来到h1。所以h1位置的白车其实来自a1,当然白方也就不能进行王车易位了。

"干得漂亮!"亚瑟·帕默斯顿思考一番,随后说,"我很好奇,如果把c1的白象去掉,结果是不是不变呢?"

"这个问题很好,让我们来看看。"福尔摩斯回答道,"结论还是一样,只是证明过程会有所变化。如果是这样的话,h1的白车也可能是王翼的车,只是那样的话,后翼的车也需要先经过h1才能离开第1横线。因此白方的王和王翼的车都需要先移动位置,好让后翼的车通过。"

"下一道题(图18),"福尔摩斯说,"也是关于'不能王车易位'的,只是这

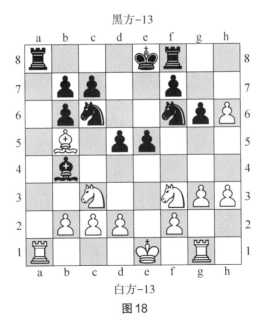

图18

一次,理由更不可思议了。"

"已知,黑后没有离开过黑格,白后没有离开过白格。而题目共有三问:

第一,有没有哪一方可以王车易位?

第二,如果拿走g1格的白车,结论还一样吗?

第三,如果拿走g1格的白车,把它放在h1格,结论又会是什么呢?"

这道题很难,我们最后都放弃了。下面是福尔摩斯随后给出的解答:

先回答第一问。白方共少了一后、一象、一兵。黑兵从a7到b6这一步一定吃了一枚白棋。那么它吃的是哪一枚棋子呢?b6是黑格,所以被吃的不可能是白后,因为题目中说白后只在白格移动。c1位置的白象在原地就被吃了,所以也不可能是它;那么可能是起始位置在a2的白兵吗?我们知道黑棋也少了3枚棋子,而白兵从e2走到h6的过程一定需要吃掉3枚棋子。也就是说,a2格的兵从始至终也没有吃子,自然也到不了b竖线,更不可能在b6格被吃掉。换而言之,b6格吃掉的棋子不是棋盘上缺少的棋子,那么棋盘上必定发生过升变,而唯一可能升变的就是起始位置在a2的白兵,这枚白兵抵达了第8横线,并且在a8位置进行了升变。这就证明了,此刻位于a8的黑车一定是从别处移动过来的,所以黑方不能王车易位。

既然起始于a2的白兵可以抵达a8,那么黑兵从a7到b6吃子的这一步一定发生于白兵升变**之前**。这就意味着,白兵升变成的棋子目前仍然在棋盘上(棋盘上缺少的3枚白棋分别是在白格被吃的白后,在起始位置c1被吃的白象和在b6被吃的、**棋盘上原有的**白棋)。那么白兵在a8升变成了什么呢?不可能是象,因为那样它会被b7的兵困住,也不可能是马,因为那样又会被b6和c7的兵困住(别忘了,在白兵升变**之前**,黑兵已经抵达b6)。这就表示,白兵升变成了车。目前棋盘上的2枚白车分别位于a1和g1,如果g1位置的白车是升变得来,那么它经e1抵达g1时,王必须给它让路,也就不满足王车易位的条件。而如果a1位置的车是升变得来,显然也不满足王车易位的条件。

在第二问中,图中去掉了g1格的白车,那就无法证明黑方不能王车易位。b6格的黑兵有可能吃掉了王翼的白车,所以起始于a2的白兵未必升变。当然,为了让王翼侧的白车出来,白王一定会让路。当然,也有可能b6吃掉的是后翼的白车,那样的话局面中a1的白车其实来自王翼。所以,第二问的答案是:黑方也许可以王车易位,但白方不能。

在第三问中,黑方不可能王车易位,理由与第一问中的一样。不过a1位置的白车有可能是由白兵升变得来的,那样的话,白方可以进行王翼王车易位。

总结一下:在第一问里,双方都不能王车易位;在第二问里,白方不能王车易位;在第三问里,黑方不能王车易位,白方也许可以王车易位,但只可能进行王翼王车易位。

13. 王车易位题4:迈克罗夫特的难题

一天晚上,福尔摩斯对我说:"我最爱的一道王车易位题是我哥哥迈克罗夫特想出来的。"说完,他在棋盘上摆出了如下局面:

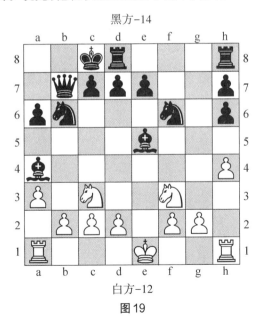

图19

"在这道题里,白方让了黑方一枚后,并且白方的两枚马都并非升变而来。已知白方可以王车易位,那么请问白方的王车易位是在两个方向上都可以吗?"

我开始研究这个局面,福尔摩斯补充道:"这道题的有趣之处,在于你无法判断出王到底可以朝**哪个**方向易位——你唯一能判断出来的就是,王只能朝一个方向易位而不能朝另一个方向易位。"

我研究了很久,但都没能成功解出这道题。最后,福尔摩斯给出了如下解答:

棋盘上有12枚白棋,少了一后、两象、一兵。黑兵从g7到h6时,吃掉了一枚白棋。那么它吃的是哪一枚白棋呢? 它不可能是白后,因为白方让了白后,白后自始至终没有出现在棋盘上;它也不可能是起始于c1的象,因为这个象在c1就被吃了;它也不可能是起始于f1的象,因为这枚象只在白格移动,而h6则是黑格;它也不可能是起始于e2的白兵,因为这枚白兵要想从e2到h6,至少要吃掉3枚黑棋,而棋盘上只少了2枚黑棋。这就说明,从e2出发的这枚白兵,一定走到过第8横线,并且得以升变。它升变成的棋子要么还在棋盘上,要么在h6格被吃了。

兵可以升变成后、象、马或车。棋盘上没有后和象,又有"马并非升变而来"这个条件,所以如果兵升变成的棋子还在棋盘上,那一定是两枚车中的一枚。既然白方可以王车易位,那么白王一定不曾移动,也就不可能给升变后的车让路,使它走到a1位置。因此,h1位置的白车是升变而来的,而a1位置的车不曾移动。故此,假如兵升变后的棋子还在棋盘上,那么白方可以进行后翼王车易位。

另一种情况是白兵升变后的棋子在h6格被吃,那升变一定发生在被吃之前。也就是说,起始于e2的白兵走到第8横线时,后来在h6吃掉它的那枚黑兵还在g7位置。如果升变发生在f8,那么它沿途吃掉1枚黑棋;如果升变发生在e8或者g8,则需要吃掉2枚黑棋。我们先讨论白兵升变发生在f8的情况,这时,原本位于f8的黑象必须在白兵抵达之前就已经被吃,而且由于此时 e7 和 g7 的兵都还没移动,所以这枚黑象还没动就被吃了。那么,此时棋盘 e5 格的黑象一定是升变而来的①。再讨论白兵升变发生在 e8 或者 g8 的情况。黑棋只少了 2 枚,而起始于 e2 的白兵在 e8 或 g8 升变就需要吃 2 枚黑棋。它沿途吃掉的黑棋是不是包括了起始于 b7 的黑兵呢? 不可能。(证明如下:因为起始于 b7 的黑兵只有吃掉 4 枚白棋才可能来到 f 竖线被吃,而白方让了黑方 1 枚后,总共只有 3 枚白棋被吃。所以起始于 b7 的黑兵不可能在 f 竖线被吃。)这也就是说,如果起始于 e2 的白兵在 e8 或者 f8 升变,那么起始于 b7 的黑兵必然发生了升变,并且升变而来的棋子则是白兵前进途中吃掉的**两枚**黑棋的其中之一。起始于 b7 的黑兵要想升变,则需要在 a2 格吃掉一枚白棋,随后在 a1 格升变,或继续吃掉 b1 的白棋,在 b1 升变。不过我们已经假设了白兵升变后的棋子在 h6 被吃,而白后又从未登场,那么被吃的就只能是白方的 2 枚象,它们不可能分别在 a2 和 b1(都是白格)被吃。所以,黑兵是在 a1 升变的。此时,我们又可以恰好证明白兵在 f8 升变的情况是不可能的,因为根据之前的论证,如果白兵在 f8 升变,那么 e5 的黑象必须是升变而来的。而它只可能是 b7 的黑兵在 a1 升变而来,但在 a1 升变成黑象后,它注定被 b2 的白兵所困,也就无法抵达 e5。因此,如果白兵升变后的棋子在 h6 被吃,那么必有黑兵在 a1 升变,即起始于 a1 的白车曾经移动,白方只能进行王翼王车易位。

总而言之,在这道题中,如果黑兵在 h6 吃掉的是棋盘原有的棋子,那么 h1 的白车是升变得来的,白方只能进行后翼王车易位;如果黑兵在 h6 吃掉的是升变而来的棋子,那么必有黑兵在 a1 升变,白方就只能进行王翼王车易位。

---

① 起始于 e2 的白兵在 f8 升变的话,e5 的黑象必定是升变而来的。这个结论稍后会用到。——译注

14. 归位题1：两格之间

又过了几天,福尔摩斯问我:"要不要再去国际象棋俱乐部转转?"

"当然好啦!"我爽快答应了邀约,并且暗自期许能遇上什么新的挑战。

待我们来到俱乐部时,发现有两位并不相识的客人在下棋。当时的局面是这样的:

黑方-9

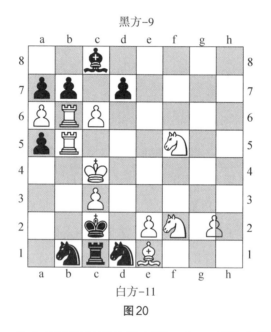

白方-11

图20

棋盘上的一枚白兵被不经意地放在了g2和h2两格交界的位置。正当我准备向前询问它究竟该在哪个位置时,福尔摩斯伸出手阻止了我。我意识到福尔摩斯也许是想自己**推导**出这枚兵的位置,并且借此向两人"显摆"一下。我按捺住说话的冲动,期待地看向福尔摩斯。不过,福尔摩斯什么话也没说,中途还失望地摇了摇头。

正在此时,白方的棋手捏起一枚棋子,准备走了。"请等一下!"福尔摩斯急切地问,"您能不能告诉我,这局棋是一场'正常的棋'吗?"

"**正常的棋**?"白方棋手十分惊讶地问,"你说的'**正常**'是指什么呢?"

"哦,我的意思是,"福尔摩斯说,"兵升变成后比较正常。'正常的棋'意思是没有兵升变成比后小的棋子。"

白方棋手回答说:"按照你的这个定义来说,这局棋确实是属于'正常的棋'。更准确地说,目前为止还没有兵升变过呢!"

"啊哈! 这样的话,请原谅我的冒昧。"福尔摩斯嘴上说着谦虚的话,手却毫不谦虚地把白兵挪到了正确的格子。"

白方棋手不经意地道了声谢,然后准备接着下棋。不过随后他突然意识到了什么,抬起头,一脸震惊地看着福尔摩斯。"怎么回事,先生? 您怎么知道兵应该在这个格子呢?"

福尔摩斯颇为得意地笑道:"因为这是你告诉我的!"他没有直接说出自己的理由,显然正享受着这小小的神秘感。

"**我**告诉你的?"白方棋手疑惑地问道,他显然比刚才更惊讶了。

"啊,是的。"福尔摩斯回答道,"当然您没有明确地告诉我,但给出了足够多的信息,令我可以推测出其中隐藏的奥秘。"

看到两位棋手依旧茫然的表情,福尔摩斯继续解释道:"只是单看这个局面的话,我是无法判断这枚兵的具体位置的。我需要知道三点信息才能判断:第一,我不能**确定**哪边是白方。当然,看棋盘和你俩的座位,可以有一个大致的猜测。第二,我不知道接下来该谁走子。第三,我不知道这局棋里有没有兵进行了低升变。所以,当我看到你们之中有人拿起白棋准备走子,就知道了谁是白方,而且也知道现在正轮到白方走子。至于是不是有过低升变的问题,答案则是您亲口告诉我的。所以,您两位还有什么不明白的地方吗?"

"但是,"黑方棋手不明所以地问,"您说的这些和兵的位置又有什么关系呢?"

"哦,这个啊,"福尔摩斯漫不经心地回答道,"这很简单。我的推理如下:

"黑方刚刚下完一步棋。他下的是哪一步呢? 兵和车可以排除,所以显然是王或者马中的一枚。但是,因为两枚黑马上一步可能的位置都可以对白王形成将军,所以上一步是马的可能性可以排除。这样就可以推出,黑方上一步棋走了王。那它从哪个位置移动到c2呢?由于白王的存在,所以黑王不可能是从b3或d3过来;它也不可能从d2过来,因为那样会与白象形成'不可能的将军'。因此,黑方的上一步棋一定是黑王从b2到c2,以躲避来自白车的将军。那么,白车的将军是怎么形成的呢?首先,不可能是白王从b4移到c4,因为那样的话,a5的黑兵会与之形成'不可能的将军';同样,也不可能是白王从b3移到c4。那么,有没有可能是白车从c5、d5或e5移到b5,从而形成了将军呢?考虑到b6位置已经有一枚白车,所以这种情况只可能发生在b5位置原来有一枚黑棋,白车移过来**吃掉**这枚黑棋时才可能发生。那么,b5位置被吃掉的黑棋是什么呢?不可能是黑马,因为棋盘上还有两枚黑马,而我们已经知道这局棋里没有发生过低升变;不可能是黑象,因为只有起始位置在c8的黑象才沿着白格移动,而它还在起始位置停着不动呢;也不可能是黑兵,因为a5的黑兵来自c7,而来自e7、f7、g7或h7格的黑兵是不可能走到b5的;更不可能是黑车,因为来自a8的黑车从没离开第8横线,在a8或b8就已经被吃(c8的象、a7和b7的兵都没有离开过起始位置)。最后剩下的一种可能性是黑后,但这也是不可能的,因为黑后无论从哪格走到b5,它出发的格子都已经能对白王形成将军(注意此时黑王占据了b2,而白车最远在e5。无论是黑后从a4、b3、b4还是c5、d5到b5都不可能)。

"这就表明,白方的最后一步棋**不是**把白车移到了b5。那样一来,黑方的最后一步棋应当是黑王从b2移到c2,并且**吃掉**了原本位于c2的白棋。而原本位于c2的白棋又刚从b竖线移开,使得白车形成闪将。这样一来,白方的上一步棋一定是马从b4到c2,或者象从b3到c2。现在棋盘上仍有两枚白马,并且这局棋没有发生过低升变,所以可以排除前者。所以,黑方的最后一步棋是黑王从b2移到c2,吃掉位于c2的白象。这枚被吃的白象起始位置在f1,所以位于g2和h2边缘的白兵只可能在h2,不然白象压根不可能离开第1横线。先生们,以上是我对白兵应该位于h2的证明过程。"

"这真是了不起的推理。"白方棋手称赞道。

"你刚才是不是说,这只是**最简单的推理**?"黑方棋手不可置信地问。

"呃,好吧。或许我应该说'**相对而言比较简单**'。"福尔摩斯这样说道。

思索了片刻后,福尔摩斯补充道:"实际上,我之前遇到过一道几乎一模一样的题目。"说着,他在旁边桌子上的闲置棋盘上摆出了如下局面:

黑方-9

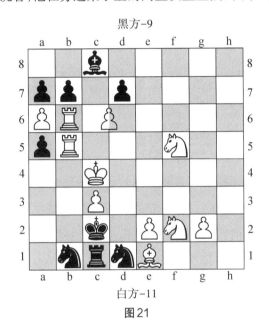

白方-11

图21

"这道题的已知条件和刚才一样,也就是说:现在轮到白方走子,而且这局棋中也没有出现过低升变。本题的局面和前一道题的不同之处在于,上一题中位于g2和h2交界处的白兵此刻明确地位于g2,而上一题中明确位于c6的白兵在这题里位于c6和d6交界处。题目是问这枚白兵究竟位于c6还是d6。"

其中一位棋手几乎下意识地立刻回答道:"那肯定是在d6。"后来我们互道姓名后得知,他叫费格森,是一位出色的逻辑学家。

"为什么呢?"福尔摩斯问道。

"因为,如果在c6的话,"费格森回答道,"就会重复之前出现过的'不可能的局面'。"

"非常棒！"福尔摩斯说，"不过，我想听您仔细说说，为什么兵在d6可行，而在c6就不可行呢？"

不过费格森却回答说："您的这个问题，恐怕不够确切呢。这样的话，我可给不了确切的答复。"

"你说得对。"福尔摩斯补充了自己的问题，道："我换一种方式来提问吧。白方的最后一步棋走的是什么呢？"

"这样问可就明确多了。"费格森回答说，"让我想一想。没错！这局棋的经过是这样的：和前一题一样，我们可以证明，如果黑方的最后一步棋是黑王在c2吃掉一枚白棋，那这枚白棋必然是白象。不过，既然e2和g2两格都有白兵挡着，那白象一定出不来。因此，黑方的最后一步棋确实是黑王从b2到c2，但**没有**吃子。于是可以推出，白方的前一步棋是白车横移到b5，并且吃掉了位于b5的黑棋。那么被吃掉的黑棋是什么呢？前面已经论证过，它不可能是兵、马、象、车，这些论证在此题中仍然成立。但如果白兵位于d6，而不是c6的话，前述论证被吃的黑棋不可能是黑后的证明就不再成立，因为黑后可以从c6到b5形成将军，事实上这也是仅剩的唯一可能性。但这样的话，黑走后时，白车必须位于c5。也就是说，白方的最后一步棋是白车从c5移动到b5，吃掉了位于b5的黑后。"①

"您的推理太棒了！"福尔摩斯诚挚地说，"费格森先生，我们很期待将来能与您再会。"

就在福尔摩斯和我准备离开国际象棋俱乐部的时候，福尔摩斯突然在某张桌子前停住了脚步，这张桌上有一局还没被收起来的棋。他呼唤两位新朋友："费格森先生，芬顿先生！你们过来看看吧，这个局面很有意思，值得研究一番！我们又遇到了位置介于两格之间的白兵，但这次是位于垂直的两格之间，而非左右两格之间。"于是，我们仔细端详起这个局面：

---

① 为了便于理解，读者们可以试着把黑王放在b2，把b5的白车移到c5，把c6、d6交界处的白兵放在d6，再拿一枚黑后放在c6。这就是三步之前的局面。从这个局面开始到题目中局面的步骤是：①黑后到b5，将军；②白车到b5，吃后；③黑王到c2。——译注

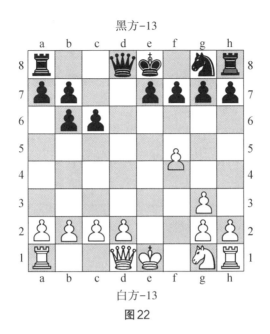

图22

福尔摩斯说:"我很好奇,我们能不能从这个局面推测出白兵应该在哪个格子? 我们大可以假设黑方在上、白方在下,正如我们看到的那样。"

我必须承认,我一开始是不抱希望的。不过当我们四人仔细研究局面后,答案也慢慢浮现出水面:

黑白双方各少了3枚棋子,且双方的兵还都全部在局面中。说明这局棋没有发生升变,黑白双方被吃的棋子就是局面中消失的那几枚。白方后翼的象和黑方王翼的象都在起始位置(c1和f8)被吃了。因此,b6和c6两格的兵吃掉的两枚白棋是王翼的白象和一枚白马。显然,白象在c6(白格)被吃,而白马在b6被吃。类似地,f竖线(f4或f5)的白兵和g3的白兵吃掉的两枚黑棋是后翼的黑象和一枚黑马。那么根据格子的颜色,起始于c8(白格)的黑象不可能在g3被吃,只可能是被第f列的白兵在某个白格吃掉的。可是,这枚白兵是在f5吃了黑象,还是先在e2到f3这一步吃了黑象,再走到f4或f5呢? 这时我们要考虑双方吃子的先后顺序:只有黑兵从d7到c6完成吃子**以后**,c8的黑象才能出来,因此起始于f1的白象被吃必须先于起始于c8的黑象被吃。f竖线的白兵一定来自e2,它必须先移动,然后f1的白象才能离开第1横线(然后被吃掉)。这样我们就知道,起始于e2的白兵吃黑象不可能发生在f3,因为此时黑象还在c8没出来,自然也不可能被吃。那么,起始于e2的白兵一定是先前进到了e4,然后在e4到f5这步吃掉了黑方后翼侧的象,即位于f4、f5之间的白兵只可能在f5。

整局棋的经过如下:①白兵从e2前进一步或两步,空出e2格;②f1的白象经e2离开第1横线,在c6被吃;③黑象从c8离开第8横线,在f5被吃。故:白兵的位置一定在f5。

15. 归位题2:从未来到过去

几天后的一个晚上,福尔摩斯对我说:"有件事很有意思,你知道吗?那就是,想要了解过去,就必须先知道未来。"

"哦!"我应道。我暗想这话一定有什么引申含义,但又不明所以:"福尔摩斯,你能具体说说吗?"

"啊,好吧。"福尔摩斯回答,"最近有两件事让我生出了这样的感慨。一是我们之前遇到的,放在两个格子中间的兵的问题;还有一件事是我为了办案去了一间实验室。他们主管的办公室的墙上挂着这样的字幅:

想要了解过去,就必须先知道未来

"这两件事又让我想起了另一件事:大约7个月以前,我接手了一桩重罪案件,其中的某条线索位于巴特利勋爵家中的某个房间。但当我某个晚上前去拜访时,却失望地发现那里正在举办晚宴。不过,巴特利勋爵非常支持我的探案工作。他先是向众人介绍说我是宴会嘉宾,然后又私底下告诉我可以随意检查他的任何房间。

"在搜查了几个空置的房间后,我终于找到了想要的线索。问题解决以后,我就在那儿等待雷斯垂德警官的消息。我很确信他的消息一定与我的发现能完全对应,所以就闲了下来。

"那天晚上,我无意交际,也就没有和宾客们寒暄。为了打发时间,我在这座豪宅的副楼中闲庭信步,以远离主楼的喧嚣。不知不觉中,我来到了一间屋子,也许是图书室或者类似的地方。屋子正中的桌上摆着一局还没下完的国际象棋,而旁边两支还未完全熄灭的雪茄则表明对弈的两人才刚离开不久。

"华生,棋盘上让我大感意外的是有一枚兵被放在了c4、c5、d4、d5**四个格子的交界处**。这和我们之前遇到过的,兵位于**两格交界处**的情况可大为不同。当时的局面是这样的:

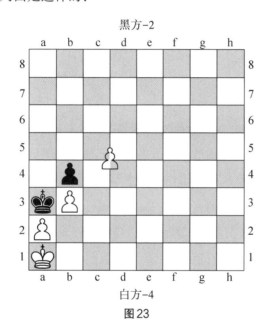

图23

"我啧啧自语,心道'这也太粗心了吧'。然而我又暗自思索'能不能通过思考来推断出白兵应该在哪个格子呢? 这样我就可以把答案写在小纸条上,如果下棋的人回来,一定会大吃一惊的'。不过我很快发现,这个题目是无解的。我可以有足够的证据来证明哪一方是白方,哪一方是黑方,这个我就不细说了。但是,除非我知道这局棋**后续**如何,不然是无法推出兵应该在哪个格子的!"

福尔摩斯的话让我摸不着头脑,但他没有解释,而是接着说:"正在此时,我的身后传来了脚步声。一个声音说'这庄园确实不错,不过我们继续下棋吧！'说着就进来了两位绅士。他们向我点头示意后,就在桌前坐了下来。我暗自高兴,心想谜团马上就要解开了。可这时,一位男仆从走廊向我走来。我迎上去,他说'先生,我正到处找您呢! 有人带着字条在花园等您。'我快步跑到草坪,一个男孩递给我来自雷斯垂德警官的字条。字条上的信息完全验证了我的猜想,让我放下心来。因为没有紧急情况,所以我打算放松一下。

"我往回走,想看看那局棋的后续。不过,等我回到那里,却失望地发现那局棋已经结束了。两位棋手已经重新开了一局,棋盘上再也找不到什么新的线索。于是我灵机一动,问道:'先生们,我能问一下上一局棋是谁赢了吗?'

"其中一个人回答说是他赢了。华生,这样一来,我就知道那枚白兵的准确位置了! 这道题目其实并不难,我想你也许会想要自己试着解一下?"

我对着福尔摩斯摆出的局面沉思良久。"福尔摩斯!"我突然说,"我想你少说了一个关键信息。不知道你是故意不说,还是忘了呢?"

福尔摩斯斩钉截铁地回答说:"没有少说任何信息!"

"亲爱的福尔摩斯先生,"我问道,"难道你没发现吗? 你连到底是白方赢了还是黑方赢了都没有说呀!"

"我确实没说。"福尔摩斯的回答令人意外,"因为这一点无关紧要。实际上,我自己也不知道赢的那位先生是白方还是黑方——当然我也不需要知道。局面上看,白方似乎更加占优,所以可能是白方赢面更大? 不过我只知道他们俩谁赢了,但是没有问赢的那位是黑方还是白方。"

我思索了一番,但想不通为什么**谁**赢了不重要。最后,我放弃了,问道:"福尔摩斯,我恐怕需要你的一点提示。如果是另外一个人说他赢了,你是不是也能得出结论呢?"

"当然能得出结论。"福尔摩斯很肯定地说。

"一模一样的结论吗?"

"是的,完全一样的结论。"

这是怎么回事？我想不明白。只得说："福尔摩斯,我放弃了,我想不出来。"

"好吧好吧!"福尔摩斯说,"实际上这类问题有个特点,就是你无法立刻推出答案,甚至压根不可能推出答案。华生,解题的关键在于:我问到的信息比我实际上所需要知道的要多。实际上,黑白双方**谁**赢了并不重要,重要的是,**有人**赢了。换而言之,这局棋并非以和棋告终,更准确地说,最后没有出现'无子可动'的局面。华生,如果现在轮到白方走子,那么无论走哪一步棋,都不可避免会被逼和。所以我们知道下一步棋是轮到黑方走子。但黑方走的是哪一步棋呢？唯一的可能性是白兵在c4格,而黑兵恰好能用**吃过路兵**的方式吃掉它。也就是说,白兵的位置必然在c4格。"

"啊! 福尔摩斯,现在我明白了。"说完,我又想到另一个问题,"但是,你的这个结论是建立在白方的最后一步移动了白兵,而且一定是基于它从c2移动到c4。你有没有证据表明这就是白方的最后一步棋呢？"

"华生,我并不是先**预设**白方怎么走,再得出的结论。恰恰相反,我用推理证明了白方的最后一步棋只可能是这么走的。如果不是这么走,那么这局棋必然以和棋告终,而这与实际结果不符。这是**反证法**。"

"华生,这是不是很有意思？有时候,想要了解过去,就要先知道未来。"

16. 王车易位与不可能的将军

再次去到国际象棋俱乐部时,我学到了珍贵的一课——有时候,用错误的推理也能得到完全正确的结论。当时的情况是这样的:

我们去到俱乐部时,俱乐部空无一人,棋盘也没有收拾。这些局面里,有些已经下完,有些还没有。我注意到,其中有一个局面是这样的:

"我很好奇,这个局面里的白方是否能进行王车易位呢？"我笑着说,"当然,他完全没有这么做的必要,只是如果他**想**这么做的话,可以不可以呢？"

福尔摩斯看了一小会儿,就说:"这道题目很容易,你觉得呢？"

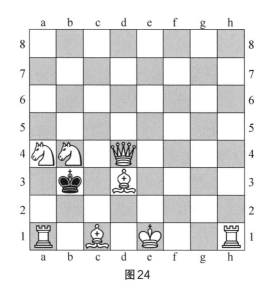

图24

我又看了一下局面,得意洋洋地公布我的答案:"不能王车易位!"

福尔摩斯看了我一眼,问:"为什么不行?"

我笑着回答:"原因很简单,因为白方要想王车易位的话,前提条件是现在得轮到白方走子,而现在不是。"

"你怎么知道不是轮到白方走子呢?"福尔摩斯追问道。

我笑着说:"因为,如果是白方走子,那么上一步棋就是黑方走子。而每一个黑王可能走到的方位,都存在'不可能的将军'。"

"这可不一定,华生。你的答案确实没错,白方不能王车易位,但你的论证可并不充分。我的分析是这样的:

"如果白方可以王车易位,那么现在轮到白方走子。白方可以走子的唯一前提是黑王刚刚从a3移到b3。这并非不可能,但前提是这个棋盘是反的,黑方在下,而白方却在上。这样一来,白方的上一步棋是白兵从b2移到a1并吃掉一枚黑棋,然后升变成白车。当然,这时白方是不可能王车易位的,因为白方原本在棋盘上方。所以,白方不能王车易位的原因是:**要么**现在没有轮到白方走子,**要么**是白方的起始位置并非棋盘下方。"

"你说得对。"我承认道。

福尔摩斯在棋盘上重新摆上了这样的局面：

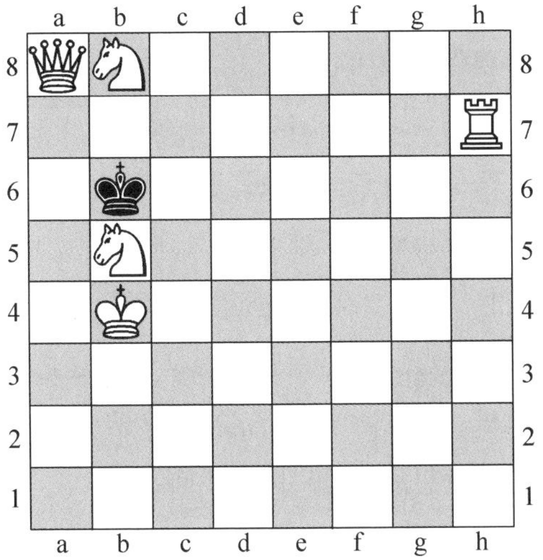

图25

"华生,实际上这是我们第二次遇到看似'不可能的将军'实际上却可以用低升变来解释的情形了。如果你还记得的话,第一次出现这个情形是初见帕默斯顿兄弟时,有一枚棋子丢失,所以棋盘上出现了'神秘棋子'那次。而我刚才摆的那个局面还有另外两种看似'不可能的将军'实际却有解的小陷阱。"

福尔摩斯继续说道:"在这个局面里,黑王可以是从a6或c6中任意一格过来的。用兵升变成马来解释都行得通。如果黑王从c6过来,那么白兵从b7前进到b8,升变为马。如果黑王从a6过来,那么白兵从a7到b8,吃掉一枚黑棋,同时升变为马。"

17. 悬而未决:关于升变规则的讨论

有一天晚上,福尔摩斯和我在贝克街散步时突然说:"华生,明天我要出发去欧洲大陆。我正在处理一桩跨国大案,不知要去多久才能回来——也许几周,也许几个月。"

"那谁来教我国际象棋推理呢?"我难过地问。

福尔摩斯温柔地说:"现在你已经可以独立思考啦!我想你一个人也能做得很好,只是记得要保持眼明心亮!"

"不过在我离开之前,华生,"福尔摩斯继续道,"我们倒是可以讨论一道在我脑海里盘桓许久,又一直悬而未决的题目。"

我难以置信:"你都没做出来,难道**我**可以吗?"

"不是这样,华生。我不太确定这道题是否**真的**有解。"福尔摩斯边思索,边回答说,"更准确地说,我不太确定的是这道题是有一个'**明确**'的解答,还是处于国际象棋、逻辑、哲学、语言学、语义学或者法律的模糊地带。"

"听上去是一道有意思的'跨界'题,"我回答道,"洗耳恭听!"

福尔摩斯道:"首先,我得说一下历史背景。最近我在研究国际象棋的演化历程。几百年以来,国际象棋的规则经过了很多次修订。我们这道题就涉及最近的一次修订。"

"是修订了什么规则呢?"我问道。

"是关于兵的升变规则的。修订前的规则是这样的:'如果兵抵达了第8横线,就可以升变成兵和王以外的任意棋子。'不过,旧规则并没有说只能升变成**同样颜色**的棋子。"

我几乎下意识地反问道:"难道还会有人想要把自己的棋子升变成**对方**的吗?"显然,我又犯了"实用主义至上"的错误。

"华生,这我可不知道。不过这不是问题关键。我认为像国际象棋之类的游戏,其规则必须是清晰、明确的。当然,一般情况下确实很少人愿意把棋子升变成别人的。不过,在一些极为特殊的例子里,这么做也许反而**有利**。实际上**确实**也发生了这样的情况,才导致后来规则进行了进一步的修订和明确。在某一场国际象棋巡回赛里,白兵升变成了黑马,并且因此得以将杀黑方。"

"他是怎么做到的呢?"我问。

"哦,当时的情形大致是这样的——"福尔摩斯在棋盘上摆出了这样的局面：

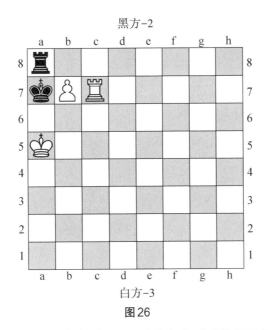

图26

　　"这个局面里原本有许多棋子,不过我省去了无关紧要的部分。所以局面里目前的棋子都是与此升变密切相关的。如果按照现行的规则,那白方是不可能在一步内将杀黑王的。但在规则变更之前,白方可以让白兵前进一格,并升变成黑马。只需要这一步,白方即可将杀黑王。"

　　福尔摩斯接着说:"其实我并不在乎实际比赛中有没有发生过这样的情况。当我注意到旧版的兵升变规则时,第一反应就是回溯分析学家们可以根据它编写出许许多多题目来!我希望未来会有!

　　"然后我就想到了下面这道奇怪的题目。让我们假设这局棋发生时,兵升变的规则还没变更,兵还是可以升变成为对方的棋子。

　　"假设现在轮到黑方走子,并且已知这局棋里黑王从未移动过。我的问题是:**黑方能王车易位吗?**"

　　我只研究了一小会儿就发现了问题的核心:白方的最后一步棋只能是白兵在a8升变成黑车。既然黑王没有移动过,那么问题其实就变成了:这枚刚升变得来的黑车算不算"从未移动过"呢?

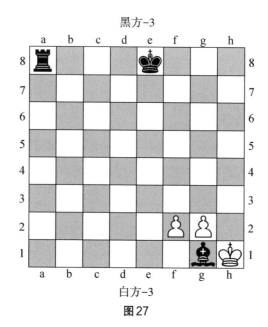

黑方-3

白方-3

图27

"我很好奇,国际象棋里关于王车易位的规则,有没有详尽到考虑了这种情况的地步?"我说。

"应该没有?华生,事实上我也不知道。关于王车易位的规则看上去已经很明确了。王车可以易位的前提条件是:①王和车都没有移动过;②双方的王都没有被将军;③王经过的路线不能被将军。这道题里,条件②和条件③毫无疑问是满足的,所以能不能王车易位完全取决于我们怎么理解条件①。我们已经知道黑王没有移动过,那么车有没有移动过就是关键。我个人倾向于认为这枚刚刚升变而来的黑车**还没来得及**移动,所以是可以王车易位的。"

"我的理解与你恰恰相反。"我回答道,"我认为黑方后翼侧的车在被吃时就已经从棋盘消失了,只是在白兵升变后又被'复活'。所以我的理解是黑车已经移动过了。"

"可它算不算是同一枚车呢?"福尔摩斯问。

好吧,这确实难以回答。我想对此读者们也一定各持己见吧!那个晚上,福尔摩斯和我花了很久来讨论这个问题,但也没有得出统一的结论。在后文中,我们会再次讨论到这一问题,不过现在请允许我就此打住。

第2章

福尔摩斯在船上

1. 出发，去东印度！

1895年5月3日。

福尔摩斯和我登上了一艘豪华游轮，出发前往东印度地区的一座小岛。事情的起因是这样的：

在本书第一章的结尾，我写到福尔摩斯出发去欧洲大陆。他去了三个半月，但上周——4月28日——他突然回来了。那是一个天朗气清的日子，我正在公园里散步，忽听背后有个熟悉的声音说："我就知道你会在这里。"原来是福尔摩斯，他说："两小时前我大包小包地回到家，发现你不在，就猜到这么好的天气你一定会出来散步。"

"是你呀！福尔摩斯！"我开心地回答，"我还不知道你要回来呢！你这趟外出还顺利吗？"

"晚点再说这个。"福尔摩斯笑了一下，问我，"现在，你想不想去东印度？"

"去东印度！"我惊讶极了，"你一定在开玩笑吧？你是要去那里办案吗？"

"哦，不是。"福尔摩斯说，"欧洲大陆的那个案子已经完美解决了，比我预期的要简单得多。实际上，事实表明只不过是一桩再寻常不过的案件。当然，我还是起到了至关重要的作用，并且成功抓捕了所有犯案人员。不过，我再问一遍，你要不要去东印度旅行呀？"

"可是费用呢？"我迟疑地问，"我的账户里余额可不多，没有钱去豪华旅行。"

"哦！华生，这趟旅行不用你花一分钱，而且还可能赚一笔回来！"

这可引起了我的兴趣："详细说说？"

"当然得详细说。"福尔摩斯回答道，"边吃午餐边聊如何？我早上可没来得及吃早餐呢！"

大约一小时后，福尔摩斯和我在一家景观餐厅吃完了午饭。在和我聊完最近的案子后，他说起去东印度的事："这其实都和马斯顿上校有关。你记不记得，他几个月前从哥哥手里买下了一座位于东印度的小岛？"

"没错，我记得这件事。"

"你知道他为什么要买吗？"

"我想是为了退休后去那里生活？"

"那只是原因之一，但不是全部。你知道马斯顿家族祖上是做什么的吗？"

"我不清楚。"

"他的祖父马斯顿船长，非常有名。"

"因为什么而有名呢？"我问道。

"额，其实他很有名，是因为他是一个有名的海盗。"

"**海盗**！"我惊讶极了，"你说的有名，是**闻名遐迩**那种有名，还是**臭名昭著**那种有名？"

"我想这两种说法都可以吧，我自己倾向于认为这是褒义的，毕竟他可是一位特立独行的海盗。"

我不怎么相信这个说辞，问道："怎么个特立独行法呢？"

"哦，类似于侠盗罗宾汉那种，劫富济贫。历史上有过那么多海盗，而他却是我眼中最具有同情心的一位。当然，他的行为确实违法，这点无法反驳，但作为'犯罪分子'，他又极富人道主义精神。第一，他从不杀人，甚至连动武都不曾；第二，他洗劫船只后总会留下一部分货物，对自己的人犯也极为体贴，而且确保他们的安全。即使需要赌上自己的性命，他也要做到这一点；第三，他还经常搭救遇到危险的船只。在我看来，他既是海盗，也是英雄。"

"最近我仔细研究了他的生平。"福尔摩斯接着说，"他的故事简直比历史小说还要精彩。他本人也颇为传奇，他学识渊博，热衷于收集各种珍贵手稿，而且还是国际象棋重度爱好者。我感觉我们的这次冒险就与他喜欢国际象棋有关。"

"**我们**的冒险？"我笑着说，"你已经替我做决定了吗？"

"我想你一定会去的，华生，等你听我把故事说完。"

"那我洗耳恭听。"我说。

"好吧，我接着说。这位马斯顿船长把大多数战利品都分给了穷人，不过还保留了一些。他死前曾居住在东印度的一座小岛上，我们认为他在死前不久把所有藏品都埋在了那里。"

"这座岛的所有权此前在马斯顿上校的哥哥爱德华那里。"福尔摩斯说，"大家都坚信宝藏就埋在岛上的**某个位置**，而宝藏包含价值约20万英镑的金银珠宝。宝藏具体的埋藏位置不得而知，而把整座岛挖一遍的费用又太贵，比宝藏本身的价值还高。所以那些宝藏已经在地底埋藏了近百年之久。"

"然而，"福尔摩斯接着道，"上次我们在伦敦遇到马斯顿上校时，我们与他和雷金纳德爵士讨论了国际象棋推理题。几天后，他告诉我，他的哥哥爱德华的结婚对象是美国人，对热带海岛毫无兴趣。事实上，他们要去美国定居，这样可以离女方位于波士顿的家近一些。所以爱德华把整座岛便宜卖给了他，并且约定如果岛上找到宝藏，那么这笔财富将由兄弟俩平分。"

"接下来就是最为激动人心的部分了，华生！上周我在巴黎收到了马斯顿上校的来信,说找到了宝藏的线索并向我们求助。他说,他在马斯顿船长的旧图书馆里的某一本旧书里找到了一张地图。我不知道地图的具体细节,但他认为这是找到宝藏的关键。这张地图长得像国际象棋棋盘,上面还标记着特殊代码。马斯顿认为破译这张地图需要用到密码学理论和回溯分析。所以,他邀请我们去岛上。不管能不能找到宝藏,他都会支付我们的全部费用。而且,如果找到宝藏的话,他和哥哥还会把一部分宝藏赠予我们!"

就这样,我们登上了开往东印度的游轮,而且奢侈地住了头等舱!到目前为止,天气都很好,旅程也非常愉快。船上到处都是国际象棋爱好者。餐厅里、甲板上、休息室里,到处都有人下棋。这么看来,我们的旅程一定会非常有趣,而我也会把遇到的国际象棋谜题逐一记录下来。

如果读者们已经仔细阅读了本书第一章,那么我想你们已经初步具备了回溯分析的能力。因此,我要换一种方式记录船上遇到的国际象棋谜题。准确地说,我不会把题目和解说放在一起,读者们可以尝试自行解答。不过,我还是会在本书末尾给出答案。

2. 印度棋子之谜

5月4日。

今天,我们遇到了第一道国际象棋题,而且是一道非常与众不同的象棋题目!

船上有一对兄弟来自印度,他们从老家带来的国际象棋十分特别。这副棋子的造型不难辨认,只是车被长鼻子大象所取代了。然而,这副棋子的颜色并非黑白两色,也不是红白两色,而是绿色和红色。

福尔摩斯看到的局面是这样的:

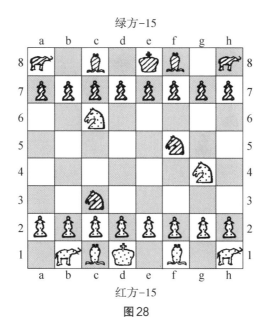

图28

当时,这对印度兄弟暂时离场,去甲板散步了,他们的这副棋子吸引了好几位国际象棋爱好者。他们围在桌前,七嘴八舌地讨论这副棋中到底谁是白方。有人认为红色棋子是白方,另一些人则认为绿色棋子才是白方。福尔摩斯在端详了一番局面后,宣布说:"没必要猜来猜去了,我们可以通过观察局面分析出谁是白方!"

那么,请读者们试着回答这道题目吧!究竟哪种颜色的棋子代表了白方呢?

3.另一道归位题

5月6日。

遇到了第二道题。这道题里,又有一枚兵被放在了两格之间。当时,福尔摩斯和我正在甲板上散步,遇到两人正在下棋,局面是这样的:

黑方-9

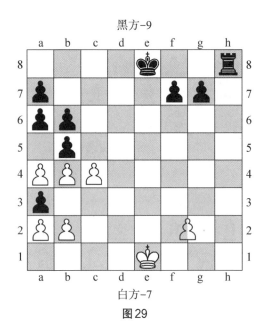

白方-7

图29

我们停下来观棋。正在此时,黑方进行了王车易位,随后福尔摩斯把兵放到了正确的位置。两位棋手自然非常惊讶,随即询问福尔摩斯是如何知道的。

那么,福尔摩斯**究竟**是怎么知道的呢?

4. 福尔摩斯平息争议

正在此时,爱丽丝出现了。三人都恳求她解决这个争议。他们向她说明了争执的内容。不过,由于他们仨一起嚷嚷,所以她实际上什么也没听清。

——刘易斯·卡罗尔

5月8日。

福尔摩斯成了船上公认的"国际象棋推理大师"。众人争相传颂他的事迹,而随后的一道题,又令他更加声名远扬。

我们遇到了一局下了一半的棋,不少众人围着它,争论黑方能不能王车易位。

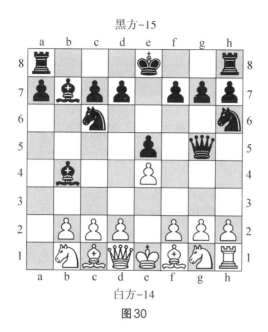

图30

围观群众中,有一人说黑方可以进行王翼王车易位,不能进行后翼王车易位;另一人则说黑方可以进行后翼王车易位,不能进行王翼王车易位;还有一人说黑方压根不能王车易位。已知,这三人都在这局棋的某个阶段观看了对弈,但没有人看到整局棋。

福尔摩斯路过时,他们迎上去请他定夺。他们三个人几乎同时开口,令福尔摩斯和我几乎听不清他们在说什么。不过,在最初的茫然后,福尔摩斯很快就提取出这些核心信息:

1. 白方让了黑方一枚车;

2. 白方的两枚马都没有移动过;

3. 没有任何兵升变过;

4. 白方的最后一步棋是白兵从e2到e4。

有了这些信息后,福尔摩斯重新审视起局面来。过了一会儿,他对三人说:"你们三个都错了!假如你们所提供的这些信息没错的话,黑王可以朝任意方向王车易位——尽管现在还没轮到他走。但是在白方走了下一步棋以后,黑方确实是可以王车易位的,并且朝哪边都可以!"

"这是可以**证明**出来的吗?"其中一人问道。

"哦,当然可以。"福尔摩斯回答道。

"你能证明黑方**可以**王车易位?"他又问了一遍。

"当然。"

"福尔摩斯先生,这可真是了不起。我知道在许多局面里,有办法证明其中某一侧**不能**王车易位,但我还从来没有遇到过哪个局面,有办法证明**可以**王车易位的!"

"说实话,我之前也没有遇到过。"福尔摩斯承认道。

"我最疑惑的是这一点,"这人又接着说,"我知道怎么证明某个王或车移动过,但我想不明白该怎么证明它肯定**没有**移动过呢?"

"这道题里可以,很简单。"福尔摩斯回答说。

你知道该怎么证明吗?

5. 被碰掉的兵

5月9日。

今天,大家请福尔摩斯来解决一场因下棋而引发的争议。当时的局面是这样的:

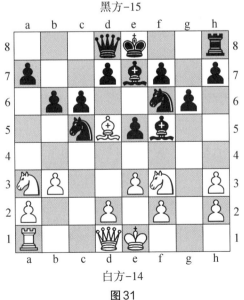

图31

有一枚白兵被不小心碰到,掉出了棋盘。正在下棋的两人谁也说不准这枚兵应该在哪个格子。福尔摩斯研究了局面后,说:"单看这个局面的话,恐怕我也不能判断出来。我需要了解这局棋的更多信息。"

于是其中一人说:"黑白双方的王都没有移动过。这个信息对你的判断有帮助吗?"

"让我想想,"福尔摩斯思索一番后,说,"太有帮助了!我现在知道这枚兵应该在什么位置了!"

那么,这枚兵应该在什么位置呢?

6. 从哪里来

5月12日。

单从国际象棋理论的角度来看,今天的题目是目前遇到的所有题目中,最为有趣的一题。

这道题是我们在甲板转角处偶然看到的:

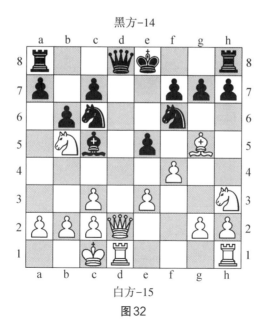

图32

当时,白方刚把手从f4挪开,可见他的最后一步棋挪动的就是这枚兵。不过,我们并没有看到它是从哪个格子移到此处的——肯定是f2、f3或g3,但我们不知道具体是哪个格子。

我们坐下来观棋,但黑方久久没有落子。福尔摩斯全神贯注地研究着局面。随后,他突然说道:"先生们,现在的局面中,有没有升变后的棋子呢?"

"啊?没有呀。"其中一人回答道。

"那我明白了。"福尔摩斯说道。

"明白了什么?"这人疑惑地问道。

"是这样的,"福尔摩斯说,"我从转角过来时,正好看到你把白兵移到了f4格,但没有看到它是从哪里移过来的。现在我知道了!"

那,福尔摩斯是怎么知道的呢?

7. 难吗

5月14日。

今天,福尔摩斯和我遇到了一局下了一半的棋,是这样的:

黑方-15

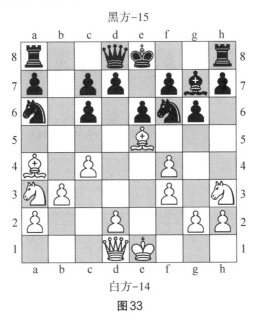

白方-14

图33

我们对着这个局面研究了一会儿。

我说:"我不理解这局棋是怎么走到这个局面的,太难了。"

听到这话,福尔摩斯忍不住大笑起来,说:"华生,我要用约翰逊式的答案来回复你这个博斯威尔式的感叹了! 你知道博斯威尔和约翰逊吗? 一次小提琴演奏会上,小提琴演奏大师完成了一首难度极高的曲子。博斯威尔对约翰逊说:'这首曲子一定很难吧!'而约翰逊的回答是:'难? 不是难,而是几乎不可能吧!'"

"对于这个局面,我也大可以说:'难? 不是难,而是几乎不可能吧!'或者说,我应该指出,这个局面就是不可能的! 我不知道这局棋是谁和谁下的,但不管是谁,能下成这个局面,一定是不了解国际象棋的规则!"

为什么福尔摩斯说这个局面是不可能的呢?

8. 逻辑学家的思考

5 月 16 日。

(1) 真话村和谎话村

今天有个大惊喜! 各位读者,你们还记得吗? 福尔摩斯和我曾经在国际象棋俱乐部遇到一位费格森先生,当时他和我们一起研究的题目是放在两格交界处的兵究竟应该在哪个格子。福尔摩斯和我发现他居然也在船上,我们与他攀谈了一整天! 他对哲学、数学都很有造诣。他不仅参与基础数学的研究,还是逻辑学鼻祖戈特洛布·弗雷格的学生兼拥趸。真是一位了不起的学者!

"既然你喜欢逻辑题,"福尔摩斯问费格森,"那你有没有听说过真话村和谎话村的题目呀? 一座小岛上有两个村子,分别是真话村和谎话村。真话村的村民只说真话,谎话村的村民只说谎话。有一天,一位来到岛上的游客在一座花园前遇到了三位岛民(岛民 A、B、C)。游客问 A:'你来自真话村还是谎话村?'A 小声嘀咕了什么,但游客没有听清。于是游客问 B:'A 刚才说了什么?'B回答:'他说他来自谎话村'。这时C对游客说:'别相信B,B在说谎!'现在请问,B和C分别来自哪个村?"

"哦,当然听过。这道题目非常经典。"费格森回答说,"答案是——"

"请先别说答案。"我打断道,"我没听过这道题,能给我一分钟让我想一想吗?"

"当然可以。"费格森说。

我想了一会儿,得到了以下结论:"B和C的言论是相悖的,所以B和C中必有一人说真话,一人说假话。那么究竟谁说真话谁说假话呢?B说的不是'A说假话',而是'A**说**他说假话'。A可能这么说吗?不可能。如果A说真话,那他肯定不会说自己说假话;如果A说假话,那承认自己说假话反而变成了真话。所以A无论如何都会说自己说真话。所以B说假话,C说的是真话。"

"完全正确。"费格森说,"你知道吗?这道题里有一点我不喜欢。那就是这里的C其实是多余的。其实只要B说了那句话以后,我们就可以知道他说的是假话了。当然,从逻辑上讲,这道题用A、B、C三人也完全没错,但就是少了一些简洁的美感。因此我自己编了一道题,可以看作是这道题的改良版。你们想听吗?"

"当然想听。"福尔摩斯说。

"这一次,游客没有问A他来自哪个村,而是问他:'你们三人之中有几个人说真话?'和上一题一样,游客还是没听清A的回答,所以又问B:'A说了什么?'B的回答是:'A说我们之中有一个人说真话。'这时C说:'别听B的,他在说谎!'同样,请问B和C分别来自哪个村?"

福尔摩斯和我思索了片刻。我们一致认同这道题更难。我想,各位读者也许可以试着思考一下这道题目。

(2)关于升变规则的讨论

过了一会儿,我说:"福尔摩斯,逻辑学家或许会对王车易位悖论问题感兴趣。不如同费格森讲讲那道题?我想听听逻辑学家的解读,一定很有趣。"

    所以,我们向费格森讲述了那道福尔摩斯也回答不了的题目。本书《悬而未决:关于升变规则的讨论》一章中曾经提到,在旧时的国际象棋规则里,兵可以升变成对方的棋子。我们重现了白兵在黑方后翼升变成黑车的局面,福尔摩斯陈述了他的观点,认为黑车刚完成升变,还没移动,所以可以王车易位;我也陈述了我的观点,认为这枚车曾经在棋盘上存在过,只是中途被吃,所以是移动过的。

    费格森对这个问题展示了极大的兴趣,他称赞福尔摩斯,说:"实际上,这道题比我们看到得更深。我认为问题的关键在于你如何定义'**某一枚棋子**'。华生医生,我想你对'棋子'的定义是指的这枚棋子的实体吧?"

    "当然。"我回答道,"棋子如果**不是**实体,难道还有其他的存在形式吗?"

    "你和福尔摩斯之间的分歧就源于此呢!我想福尔摩斯先生和我一样属于柏拉图主义者,而你大约可以算是唯名论者。对于我们这样的柏拉图主义来说,'棋子'并非实体概念,您手中拿着的这枚小东西,只是代表'棋子'的**载体**,而'棋子'则是指能存在于数学抽象王国的一个抽象概念。"

    "您说的这些我**确实**听不懂,我一直都不太擅长哲学。"我对费格森说。

    "不过这点很重要,"费格森的热情不减,说,"你对'棋子'的理解是基于物质载体的,属于唯名论的观点。这可能会导致严重的错误!比如,假使有人把棋盘上的一枚白兵拿走了,然后放上另外一枚白兵棋子。你可以说这枚棋子移动了吗?"

    "我想不能。"我承认道,"这种情况下,确实不能说棋子移动了。"不过我依然固执地认为这与我们讨论的情况不同,我说:"情况不同。福尔摩斯的题目里,黑车是被吃掉,然后从棋盘里移走的,并且它过了一段时间以后才因为升变而'复活'。在这种情况下,我认为车可以说是**已经**发生了移动。"

    费格森反驳我:"你怎么知道它是**过了一段时间**才被复活的呢?据我所知,这道题(图27)里,白方的最后一步可以是从b7到a8并吃子,而非从a7到a8。也就是说,它完全可以在a8吃掉一枚黑车,然后再马上又升变成黑车!假如实际情况正是如此,那么不仅是黑车刚被吃就又'复活'了,而且在被吃之前它也没有移动过。这时,你是不是还认为黑方不能王车易位呢?"

好吧。逻辑学家总是会假设最极端的可能性,但是这样也很有趣。所以我们都大笑起来。

(3) 无法体现的二步杀

那天下午,费格森兴致勃勃地向我们展示了一道题目,他说:"这道题把逻辑和国际象棋结合在了一起,非常有趣。题目是这样的:有没有什么局面能让白方在两步内将杀黑王,但同时这个将杀不能体现在局面中?"

福尔摩斯和我都没明白费格森是什么意思。我问他:"你能再仔细解释一下吗?"

费格森回答说:"我脑海里有一个具体的局面。在这个局面中,白方可以在两步内将杀黑王,即在白方走了第一步后,无论黑方如何走子,白方都能在下一步将杀黑王。我们可以证明这个局面中**存在**这样的二步杀,却无法证明白方先走**哪一步**才能达到这样的结果。"

福尔摩斯叹道:"要是我哥哥迈克罗夫特在这儿就好了,他的抽象推理比我好多了。实际上,他最喜欢的就是这种题目了。倒是我自己,几乎没有这种抽象推理的经验。不过我必须承认,我想不出你说的这种情况。毕竟,国际象棋是一个'有限'的游戏,无论局面如何,棋子能走的方式都是'有限'的,所以我想用穷举法一定能罗列出白方未来两步的所有可能性。如果白方可以走**某一步**,并且无论黑方如何应对都能在第二步将杀黑方,那只要这种情况存在,就一定可以证明,而且可以给出白方具体**应该**走哪一步。所以,我觉得你题目中说的情况是完全不可思议的!"

费格森说:"你的论证里有一处非常小、非常有欺骗性的谬误。不过,口说无凭,我们就不在抽象层面讨论了,让我给你们展示一下我想到的这个局面。"说着,他摆出了如下局面:

黑方-3

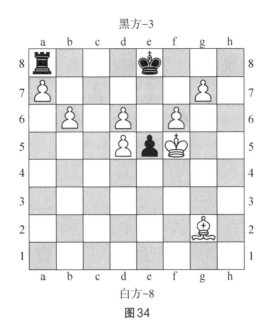

白方-8

图34

"在这个局面里,黑方在上、白方在下,现在轮到白方走。我们能证明白方可以在两步内将杀黑王,但这种将杀却无法在局面里展示出来。"

福尔摩斯和我对着局面研究了几分钟。突然,福尔摩斯明白了:"天哪!费格森!你是对的!这可真是太妙了!"

"你还记得吗?"福尔摩斯继续道,"我有一次和你说过一道题,当时我还说了一句格言'想要了解过去,就必须先知道未来'。费格森的这道题则完全可以用'想要了解未来,就必须先知道过去'来形容。"

如果读者们此时依然困惑,那么读完此题的答案想必会茅塞顿开吧!

9. 升变之谜

5月18日,下午3:00。

福尔摩斯和我已经熟识了船上几乎所有的国际象棋爱好者。今天我们看到其中两人正在下棋,当时的局面是这样的:

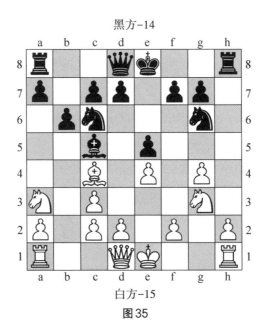

图35

对弈的双方都是我们认识的人。我们落座后过了好一会儿,他们才又走了一步棋。突然,福尔摩斯说:"先生们,这局棋下得很精彩呀!我能算出棋盘上此时有一枚升变而来的棋子。"

"没错。"白方说,"只不过,你是怎么知道的呢?"

"这很简单,威尔逊先生。"接着,福尔摩斯解释了他的答案。

这道题的答案确实挺简单。

10. 旧日梦魇

5月18日,下午3:20。

听完福尔摩斯的讲解,执白棋的罗宾逊先生大受震动。我看他的表情不太对劲,问道:"您不舒服吗?"

"哦,不是的。"罗宾逊先生回答说,"只是我想起来一件事,一件痛苦的往事。"

"可以和我们说说吗?"福尔摩斯问道。

"可以。"罗宾逊开始了他的叙述，"事情大约发生在三年前，也是在这样的一艘船上。当时，船上有一位乘客引起了我的注意。我不知道他叫什么名字，他孑然独立，与船上其乐融融的氛围格格不入。不过，他有一个和他一起登船的同伴，两人在船上总是形影不离。"

"那位乘客为什么引起了你的注意呢？他有什么特别之处吗？"福尔摩斯问道。

"他太与众不同了。我忍不住偷听了两人的许多谈话，发现他在数学、天文、哲学、法律等很多方面都造诣不凡。我猜他一定是一位教授学者。但此外，他身上还有一种特殊的气质，我找不到合适的词来形容，或许是'阴暗'吧。当然，这只是我的**直觉**，并没有什么证据。他的举止不甚坦荡，看谁都充满了怀疑的目光。如果只看他的举止，而不是听到他谈话的内容，我会觉得他是罪犯而不是教授。"

"也许他既是教授，也是罪犯呢。"福尔摩斯问，"你能不能形容一下他长得什么样？"

"哦，好。"罗宾逊先生回忆道，"我对他的印象非常深刻。他非常高，又很瘦。他皮肤苍白、眼窝深陷、胡子剃得很干净，看上去面有苦相。更特别的是，他的头总是奇怪地慢慢转动，就好像是爬行动物那样。"

"确实很奇怪。"福尔摩斯边说边向我投来了意味深长的一瞥，然后问道，"你为什么会因为我的国际象棋推理而想到这个人呢？"

"是相似的场景令我想起了他。"罗宾逊先生回答说，"当时，我和另一位乘客在下棋。下到一半的时候，他们两人走过来观棋。他们不是像华生医生和您那样友好地坐下来，而是远远地站着看。过了一会，那个人对他的同伴说：'这局棋有意思，棋盘上有一枚棋子是升变了的。'虽然他压低了声音，但语气阴恻恻的，所以我一下子就注意到他说的话。我问他：'那你知不知道这枚升变后的棋子是哪一方的呢？'他冷冷地看了我一眼，说：'我不是在和你说话。'然后他和同伴就走了，一点儿也不礼貌。后来，我有几次远远看到他们，但是他们故意避开了。"

福尔摩斯评论道:"是个小插曲,而且不太愉快。但是,罗宾逊先生,我不明白,这件事对你来说为何**如此**痛苦呢?"

"别急,福尔摩斯。这个故事还没结束。"罗宾逊先生说,"我不太确定要不要接着说下去。"

"抱歉!我并非想要窥探您的隐私。"福尔摩斯说着站起身来。

"哦,福尔摩斯先生,快请坐下!"罗宾逊先生连忙说,"这件事倒算不上什么**隐私**。只是,好吧,我就实说了吧!是我觉得我有点傻!"

福尔摩斯重新坐下,神情饶有兴趣又略带同情。罗宾逊先生继续说:"船上时不时有其他事件发生,我很难不把它们与这两位怪人联系在一起。当然,我的这些怀疑并没有哪怕一丝一毫的物证,只是我自己的直觉而已。也许是我过于敏感吧!"

"船上还发生了哪些事件呢?"福尔摩斯询问道。

"唉,船上有两位乘客离奇死亡了,据说是被谋杀。警察介入了调查,但并没有给出明确的结论,案子也就不了了之。福尔摩斯先生,也许你会笑话我想太多,但我还是觉得这和那两个怪人有关。"

"你说的,是不是伊桑·拉塞尔博士和他夫人之死?"福尔摩斯问道。

"天哪!你居然知道这个案子!"罗宾逊先生惊讶得差点从椅子上跳了起来。

"知道**一些**,但**不太多**。"福尔摩斯斟酌道,"罗宾逊先生,我是一名刑事侦探。既然现在有了线索,那我想更仔细地了解一下这件事。"

"这个案子发生以后没多久,我就知道了。"福尔摩斯接着说,"对这桩案件,我当时就有所怀疑,而你提供的线索又恰好能印证我的想法。不过,这里还有一两个疑点我还没想通。你说的这位古怪的乘客——我们称呼他为M先生好了——他曾经对同伴说棋盘上有一枚升变的棋子,这令你非常惊讶。你还能不能回忆起当时的局面呢?"

"当然记得。"罗宾逊说着拿出了自己的钱包,"最初,我和同伴因他的无礼而恼怒,但接着我们又想弄明白M先生究竟怎么知道棋盘上有升变的棋子。我们花了大约一小时,但还是没弄明白。于是,我们把 M 先生走来时的局面画了下来。从那以后,这张棋谱就一直放在我的钱包里。说真的,到现在我还没想明白呢! 福尔摩斯先生,也许您可以?"罗宾逊拿出了棋谱,局面是这样的:

黑方-14

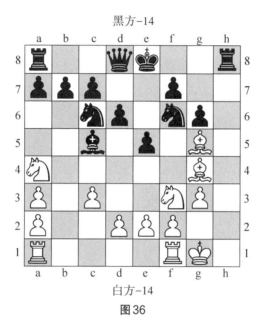

白方-14

图 36

福尔摩斯对着局面研究了一会儿,摇了摇头,说:"从这个局面来看,我不认为**能**直接推出棋谱上有升变的棋子。当然,要推理出这局棋里发生过升变倒是很容易。只是,为什么这枚升变后的棋子**仍在**棋盘上呢?"福尔摩斯疑惑地自言自语:"我能找到反例来推翻这个说法,这一点我十分肯定。"

福尔摩斯接着又研究了一会儿,问道:"罗宾逊先生,你能100%肯定,M 先生当时**任何一步**棋也没看到吗?"

罗宾逊先生回答说:"从他出现到说话,我们只走了一步棋,但我想这一步棋可能没什么要紧的。"

"这最后一步棋是什么呢?"福尔摩斯急切地问道。

"我王车易位了。"罗宾逊回答说,"我是白方。"

"哎呀! 这就使得情况完全不同了!"福尔摩斯说道,"既然已知白方刚刚王车易位,那我大概知道要怎么证明棋盘上有升变后的棋子了。不过,这道题可不容易,我需要再花点时间来验算。你介意我把局面誊抄下来吗?"

"完全不介意。"罗宾逊先生这样说。

福尔摩斯誊抄完局面,问道:"罗宾逊先生,我有一个至关重要的问题想要问你——从你王车易位到M先生对同伴说出棋盘上有升变后的棋子,大约经过多少时间呢?"

"没过多久,我猜也就3分钟的样子? 肯定不超过4分钟。"

"谢谢你,罗宾逊先生! 这个信息至关重要。现在,请允许我暂时离开一会儿,研究一下这道题。"

福尔摩斯离开了大约半小时,在他回来时,他说:"我想你大可不必认为自己是杞人忧天。实际上你的直觉非常准确! 你口中的神秘乘客,就是本世纪最邪恶的罪犯之一,而且他同时也是一位教授!"

后来,福尔摩斯与我独处的时候,我问他:"福尔摩斯,你怎么知道那就是莫里亚蒂呢? 当然,罗宾逊先生描述的形象与他非常相符,但还有其他证据吗?"

"有。"福尔摩斯说,"我之所以想知道当时的具体局面,有两个原因。其一是想知道这道题究竟有多难。华生,我自诩在回溯分析上早已不是什么愣头青,但解出这道题也用了20分钟以上的时间。这位乘客只用了三四分钟,我想世界上只有两个人可以在这么短时间内做到:莫里亚蒂和我哥哥迈克罗夫特。"然后,福尔摩斯干笑了两声,补充道:"我很清楚迈克罗夫特极少外出,而且外貌也与罗宾逊的描述不符。

"第二点,华生。我还想确认一点,那就是罗宾逊先生问这位乘客升变的棋子属于黑方还是白方的时候,他为什么会表现得如此急躁。你知道,尽管莫里亚蒂十分聪明,但心智却如同幼儿一般! 他完全不能接受批评,一旦被问到他不知道答案的问题,就会非常恼火。我很肯定,如果他知道答案,一定不会表现得如此粗鲁,而是会夸夸其谈、大肆炫耀。那么,他为什么**不知道**升变的棋子是黑方还是白方的呢? 有没有可能是因为这本身就无法判断？事实证明,这道题的特点就是能够证明棋盘上存在升变后的棋子,但却无法推断出这枚棋子属于哪一方！在我所见过的同类题目中,这是绝无仅有的。莫里亚蒂之所以回答不上来,就是因为他根本不可能知道！

"根据这些信息,再加上罗宾逊先生描述的外貌特征,令我肯定在那艘船上的就是莫里亚蒂。我唯一还不能确定的是他的杀人**动机**,莫里亚蒂和拉塞尔之间有什么关联呢？

"现在,让我来讲讲那道国际象棋推理题的解法,非常精彩！"

11. 往事不堪回首

威胁信1

5月18日,晚上11:15。

晚上7:30左右,我们遇到了风暴。此刻,风暴正是最猛烈之时,狂风呼啸,电闪雷鸣。相比于天气的恶劣,游轮的颠簸倒显得温和了。这也许得归功于船体本身的坚固,或者是洋流的平稳。读者们,如果你曾经坐船出海,一定知道在海上遇到风暴是多么壮观而可怕的场景！

船上的大部分乘客都已入睡。晚上9:30左右,福尔摩斯和我已经躺在各自的床上,但我们一面担心着风暴,一面又记挂着白天发生的事情,谁也没有睡着。辗转反侧了好一会儿后,我们索性开灯起床,在狂风暴雨声的伴奏下继续讨论下午发生的事情。

福尔摩斯说:"华生,这件事的最糟糕之处在于,我当时其实已经得知了**部分线索**,表明莫里亚蒂要乘坐那艘船。如果我当时在场,也许这场悲剧就可以避免。但是,莫里亚蒂太聪明了,他策划了一桩巧妙的犯罪案件,转移了我的注意力,并且借此逃遁离开。"

"这件事发生的时间,不就恰好与皇冠抢劫未遂事件重合吗？"我使劲回忆,终于想了起来。

"没错,就是那个案子！我虽然找回了皇冠,但却因此付出了两条鲜活的生命作为代价。我真是后悔当时的选择。"

我俩都沉默着,福尔摩斯用力地吸着烟斗。最后,我打破了沉默,说:"福尔摩斯,你知道吗? 这是我们在回溯分析题中第二次提到莫里亚蒂了。你记得你第一次提到他时,我有多么惊讶吗? 就是你用熊和狮子互相撕咬吞噬来形容的那道题。当时我可一点儿也不知道莫里亚蒂还精于此道。"

"他确实是这方面的专家,华生——也许可以说是这方面的全球顶级专家。虽然他是数学教授,但我觉得他在回溯分析方面的造诣更胜于数学。我在档案里收集了他创作的十几个问题。华生,等我们回英国,我把这些题目拿给你看。

"此外,我还有两次收到过他的威胁信,而且都是国际象棋题形式的威胁信。"

"这可太奇怪了!"我嚷道。

"是啊,华生。也许你可以把它们写进书里。

"第一封威胁信里画着这样的图:

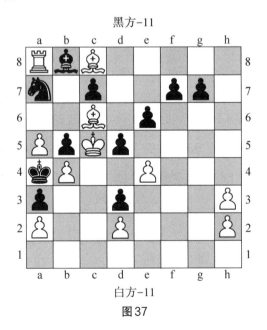

图37

"图下面是这样一段字:

福尔摩斯,你在挑衅我!

我劝你立刻停手

否则我很快就会"将杀"你

就像白方将杀黑王那么快

而且,现在轮到我走

千万别忘了!

"华生,白方在**几步**内可以将杀黑方？当我收到信后,必须立刻解答出这道既是回溯分析、又是前瞻性分析的题来。"

威胁信 2

随后,福尔摩斯向我展示了这道题的解法。他说:"华生,这封信其实更像是恶作剧而不是威胁信。我想他其实只是想吓唬吓唬我而已。到了第二封信时,他加重了威胁。不过神奇的是,这封信救了我的命。"

"救了你的命吗?"我惊讶极了。

"是的,华生。当时,莫里亚蒂和我处于'**我逃他追**'的状态。整整两周的时间里,我东躲西藏,每天像幽灵一般地出现在伦敦的不同地方。这几乎耗去了我所有的脑力和体力。当然,那段时间里我一晚都没有回家住,而是每晚住在不同的密友家里。有一天,我在临时住所门口发现了一封信,上面写着**我的名字**! 我心想:'天哪,如果这封信是莫里亚蒂寄来的,那他肯定知道我昨晚住在这里——那他为什么没有来杀我?'我急忙撕开信封,发现信**的的确确**就是莫里亚蒂寄来的,里面有这样一幅图:

"这幅图下面写着:

福尔摩斯,你倒是很擅长消失!

不过,我一步内就可以将杀你!"

福尔摩斯把棋谱递给我研究。我惊讶极了:"福尔摩斯,这个局面里没有白王啊!"

"当然没有。这就是关键,华生! 莫里亚蒂已经提示我了,白王在局面里'消失'了!"

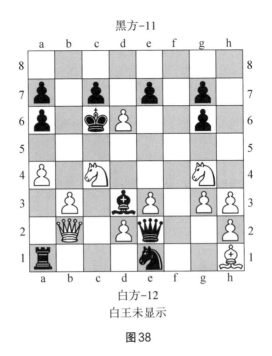

图 38

"白王?"我还没理解信和白王之间有什么关系。

"是这样的,华生。"福尔摩斯笑道,"不要只看字面意思。莫里亚蒂显然把自己当作黑暗势力的代表,而我则是他的对立面——白方的代表。所以,躲起来的我就是消失的白王。而他,则要在一步之内将杀我!"

"你是怎么**推理出**这点的?"我问道。

"不是吧?"福尔摩斯笑得直不起腰来,"你这是走火入魔了呀!伙计,不是什么事都要推理的,这不是凭直觉就可以很容易想到的吗?"

"无论如何,"他接着说,"我要尽快解开这道题。它的意思是让我找出白王所在的格子吗?虽然我当时已经又累又乏,但还是立刻开动脑筋。最后,我通过回溯分析发现白王只可能在某一个特定的格子里,而且黑方确实可以在一步内将杀它!

"华生,这时候我突然有了一个想法——就是这一点灵光乍现救了我的命。如果把伦敦地图置于8×8的棋盘上,用北代表黑方,那我原本当晚准备住的地方就恰好位于白王所在的格子。我不知道这是巧合,还是莫里亚蒂已经算到了这一切。不管怎样,按原计划住宿肯定有很大风险,所以我临时改变了行程。我必须告诉你,我原本打算住的地方隔天就被炸毁了。很幸运,里面没有人,但我一想到我原本要住在那里,还是心有余悸。"

"福尔摩斯,这确实可以算是你最惊险的经历之一了。不过我还是有一点不明白。莫里亚蒂为什么要给你送信呢?在我看来,这倒更像是一个善意的警告。"

"华生,这一点我至今也不明白。我想过四种可能性:第一种我觉得可能性最小,是莫里亚蒂低估了我解题的能力。但我觉得这么评价莫里亚蒂并不公平。第二种可能性是他认为我能够解开这道国际象棋题,但不会想到把它与伦敦地图联系在一起。实际上,华生,我自己也不知道我是**怎么想到**这一点的。第三种可能性,是我要住的地方能与国际象棋的格子对应上,只是一个巧合中的巧合。不过,这三种可能性都不能解释为什么他没有在**前一天晚上**直接杀掉我。所以,第四种可能性,虽然最为荒谬,但却是我能想到的唯一一种合理的解释。

"你知道吗,华生?虽然莫里亚蒂十分聪明,但我认为他多少有一些精神问题。在他内心深处,也许是认为自己在玩一场猫捉老鼠的游戏。看到我如此狼狈地躲躲藏藏,他一定觉得这个游戏太好玩了,不舍得就此结束。更疯狂的是,这件事发生在我俩初次相遇后不久。也许当时的我还不能对他形成什么**真正的**威胁,所以他想和我玩什么养成游戏,等我真正成为他的对手时,再结束这场游戏呢?"

12. 两格之间的象

5 月 19 日。

大约上午 6:30 时,风暴毫无预兆地平息了——就像它毫无预兆地开始一般。今天的天气非常好,一片风平浪静。

早上,我俩在甲板散步时,遇到罗宾逊先生和他的伙伴正在下棋。他的精神看上去比昨天好多了。

a3和a4两格的交界处有一枚白象。我们站着看了一会儿后,双方相继王车易位。随后,福尔摩斯把白象挪进了正确的格子。

"虽然我并不太意外,"罗宾逊先生笑着说,"但我还是想知道,您是怎么知道白象应该在这个格子的呢?"

答案挺简单的。

黑方-15

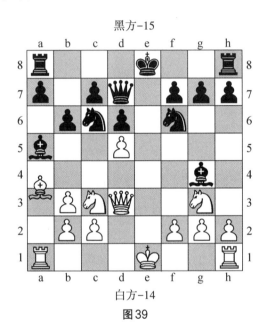

白方-14

图39

13. 有趣的单色题

5月22日。

今天我们遇到了阿什利勋爵和他的夫人。阿什利夫人非常热爱国际象棋,并且她的棋艺比起丈夫也毫不逊色。

"早上好,福尔摩斯先生!"阿什利勋爵看到我们,热情地向我们打招呼,"我们正在下的这局棋可好玩了——这局棋里,白格里的棋子只能沿着白格移动,黑格里的棋子只能沿黑格移动。"

"啊哈,单色题!"福尔摩斯说。

"你还给这种玩法起了名字吗?好吧,我和我夫人每次下棋,都是这么下的。不过,除了'单色'以外,这局棋还有其他特点。"

福尔摩斯研究着局面,问:"现在该谁走子了?"

"是我。"执白的阿什利勋爵回答道。

"这样看来,这局棋的确有趣。"福尔摩斯回答道,"至少,我看出了两件事:一,这局棋里发生过升变;二,有一枚**过路兵**被吃掉了。"

阿什利夫惊讶地称赞福尔摩斯"厉害",而我则呆若木鸡地听完福尔摩斯的解答,久久回不了神。

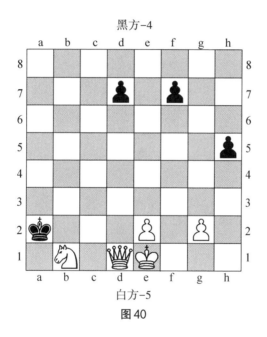

图 40

14. 阿什利夫人的自创题

5 月 22 日(几分钟后)。

阿什利勋爵语气自豪地对我们说:"我的夫人爱伦自创了一些单色题,让我展示给你们看。"说着,他在棋盘上摆出了这样的局面:

"这局棋也是'单色题',即白格里的棋子只在白格移动,黑格里的棋子只在黑格移动。此外,白王只走了两步。这道题的题目是:起始于h8的车离开h8后,有没有什么棋子到过这个格子呢?"

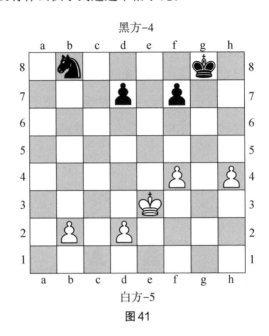

图41

15. 福尔摩斯故弄玄虚

5月23日。

今天我们遇到的国际象棋题不难,但挺有趣。

当时,我们已经快要下船了。阿什利勋爵夫妇、福尔摩斯和我走在一起。我们看到了一局残局,局面是这样的:

阿什利夫人调皮地问:"福尔摩斯,在**这局**棋里你有什么发现吗?"

"我只知道,这局棋一定不是您二位下的。"福尔摩斯故弄玄虚地回答道。

那么,福尔摩斯是怎么知道的呢?我发誓,我可没有隐瞒任何线索哦!

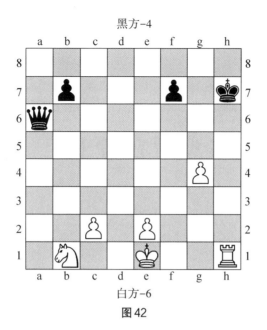

图 42

第3章

福尔摩斯在岛上

1. 马斯顿小岛寻宝记

6月15日。

时间过得可真快,今天是我们在马斯顿小岛的最后一天了。明天我们即将启程返航。

我们抵达这座小岛时,岛上只住着三个人,分别是:马斯顿上校、他专程赶来的哥哥,以及马斯顿刚刚雇用的原住民仆人雅尔。我们每个人都迫不及待地想要开始寻宝探险,因此不等安顿下来就聚到了位于二楼的图书室。这座图书室占据了整个二楼,大约藏有8000册图书。据说,马斯顿船长经常在此读书读到深夜,困了就在沙发上过夜。图书室的西面是一面硕大的窗户,窗前摆着他的桌子——更准确地说,这不是一张真正意义上的桌子,而是两个旧柜子上搭着一块3米长、1.2米宽的大橡木板。怎么来形容这里的风格呢?大约是既有海盗的狂野,也有学者的内敛。这里的墙上摆满了书架,其余的地方则堆满了地图、海图、手稿、铜制望远镜、航海计时器和各种测量仪器。

马斯顿上校把地图拿给福尔摩斯看。

"你能不能从这地图①看出什么?"他问道。

---

① 参阅后文。——译注

"暂时是看不出什么。"福尔摩斯回答道,"想要看懂这张地图,恐怕我们不仅要仔细研究,还需要一些运气。

"现在,我想要在这个图书室里待几天,甚至就睡在沙发上。如果可以的话,我想随时取阅这些书籍。顺便说一句,我觉得这里的氛围非常适合思考。"

之后的几天,福尔摩斯几乎没有露面。要不是马斯顿上校和雅尔把三餐送去图书室,他可能连吃饭都顾不上。可第五天一早,就在我们吃早餐时,他迈着胜利的步伐下楼了。

"先生们,我想我已经可以从理论上解释这张地图了。我们现在需要做的,就只是更准确地测量。"

"太好了!"马斯顿上校激动地嚷道,"测量可是我的拿手活儿!你知道的,我在军队就是干的这个!而且我曾祖父的这些仪器虽然很老式,但却非常精密!"

接下来的两天,我们丈量了整座小岛。到了半夜时分,福尔摩斯在小岛的西南角标出了一个不到 4 平方米的区域。他说:"如果我的计算没错,那宝藏应该就在这个区域里。让我们明早见分晓吧。"

第二天一大早,天还蒙蒙亮的时候,我们 5 人就带着镐子、铲子等工具开挖了。我们从这个区域的中心开始挖。没过多久,雅尔的铲子就碰到了一个箱子。又过了 10 分钟,我们合力把箱子挖了出来。这个箱子长约 80 厘米,宽约 75 厘米,高约 60 厘米,外面还箍着铁带。想要弄断这些铁带可不容易,感觉这一步用的时间比挖箱子更久——至少心急难耐的我们当时是这么觉得的。可是,当我们最终"哐当"一声掀开箱子时,里面却是空空荡荡的——箱子里只放了一枚金币和一张羊皮纸,纸上写着:

福尔摩斯,我就知道你迟早会来。可你是不是来得晚了点?

M.

"看样子,不是晚了'一点儿',而是至少 3 年。"福尔摩斯沮丧地说。

黑方-11

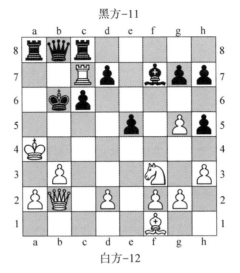

白方-12

A. K.

131—12,3,6;

27—5,14

22—3,16,4,18,7,14;

32—12,2,21?

图43

黑方-13

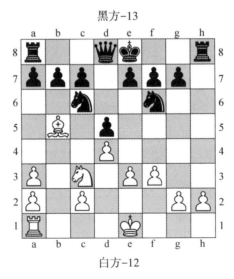

白方-12

A. K.

63—3,4,5

14—12,18,2,21;

16—12,4,17,5,22?

图44

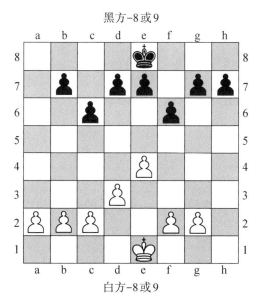

黑方-8或9

白方-8或9

A. K.

71—3,18,9,14,22,34,60。

28—2,14,12,24,16,32,27,21。

34—3,b6,15,22,未知。

42—3,17,9,22,12,7?

图 45

第二天早上,福尔摩斯下楼吃早餐。他看到我们几个都闷闷不乐的样子,问道:"先生们,你们为什么这么不开心?"奇怪的是,虽然昨天发生了那样的事,可他的语气居然相当轻快。

"我们的努力全都落空了! 空欢喜一场!"马斯顿上校的语气中难掩失望。

"也不见得是**全部**落空!"福尔摩斯兴冲冲地说,"我觉得更有可能是'损失**一半**'。"

"你在说什么呀?"爱德华惊讶极了。

"先生们,我刚刚有了一个新发现。这使我相信马斯顿船长把宝藏分成了两份,埋在了不同的箱子里。如果我的计算没错,那么另一个箱子应该在小岛东侧靠北的海滩上——离我们这座房子不远。当然,我们也有可能会再次落空,但我们还是可以试试。所以,让我快点吃完早餐,我还要再仔细研究研究。"

又过了一天半时间,福尔摩斯带着我们来到了一个地方。这次我们挖的几乎是纯沙子,所以速度快了很多。不过这次,我们挖到更深处才挖到箱子。当我们打开这第二个箱子时,一直悬着的心终于放下了!这一次,我们的希望**没有**落空,箱子里满是金银珠宝,价值数十万英镑!

2. 福尔摩斯的解说

(1) 马斯顿船长的第一道题

我们整整搬了 3 天,才终于把所有财宝搬回屋中分类收好。直到此时,我们 4 人才终于从狂喜中平静下来,闲坐在图书室的沙发上。

马斯顿上校问福尔摩斯:"现在,你可以给我们仔细讲讲吗?你是怎么猜出来的?那个密码是什么意思?国际象棋的棋谱又是怎么定位到藏宝位置的呢?"

"好吧!"福尔摩斯回答说,"马斯顿船长留下的那串字符,与其说是密码,倒不如说是编码。密码是可以直接破译的,而编码则需要在编码本的帮助下才可以破译。在老船长留下的棋谱下方的那些数字,很显然就是指某一本书中的某些单词。所以,我立刻就意识到我只有找到那本书才能解开这个编码——这也是为什么我说这不仅需要技巧,也需要凭运气。更要命的是,万一这本书不在图书室里,我就毫无头绪了。"

马斯顿上校说:"我还是不太明白编码是怎么一回事。"

"那我们来看看这里,"福尔摩斯指着图上的数字,说:"看这里,131—12, 3, 6,意思是第 131 页,第 12、3、6 个单词,然后是 27—5, 14,也就是第 27

页,第5和第14个单词。以此类推……"

接着他又说:"实际上更通常的做法是把字条里的所有信息都隐藏在同一本书的同一页里。这就要用到一本大部头精装书,比如某些版本的《圣经》之类。这些书一页里就有很多单词,所以字条所编码的单词都可以在同一页里找到。"

"难道说,你试了整整8000本书吗?"爱德华不可置信地叫出了声。

"马斯顿先生,那怎么可能呢?"福尔摩斯笑道,"虽然一开始我确实以为这会是个很艰巨的任务,但我很快想到,这本书应该是一本和国际象棋有关的书,毕竟国际象棋才是他的心头好。而且,我在想,编码中的A.K.也许是这本书的英文首字母。我很幸运,实际情况正是如此。这本书在这里。"

这本书的名字是《阿拉伯的马》,英文首字母缩写正是A.K.,这是一本装帧精美的手稿,作者署名德诺米亚尔——此前我们从未听说过这个作者。

"这本书可以说是一本国际象棋回溯分析的渐进式教材。"福尔摩斯说,"这里面的回溯分析题是我所见过的最巧妙的,而且还是以《一千零一夜》似的故事形态呈现的。在这本书里,国际象棋的棋子变成了活生生的人物形象,演绎出了许多故事——有点像刘易斯·卡罗尔在《爱丽丝梦游仙境》中所描绘的场景。"

"不管怎样,我找对了书,也就编译出了对的信息。你们可以自己试试看,这组信息是这样的。"说着,福尔摩斯递给我们一张纸,上面写着:

1. 白兵没有发生升变。那么,另一枚白象是在哪个格子被吃的?

2. 白方可以王车易位。那么,白方王翼侧的车是在哪个格子被吃的?

3. 白方让了黑方两枚马。双方的王都没有移动过,也没有被将军。并且,此刻h6格有一枚神秘棋子。那么,这枚棋子两步以前在哪里?

我们重新审视马斯顿船长的藏宝棋谱。马斯顿上校说:"我还是不明白,这题的答案和宝藏的位置有什么关系呢?"

福尔摩斯的回答是:"每道题都是求格子位置。所以,我们可以把整座岛分成64个格子,就像下面这样:

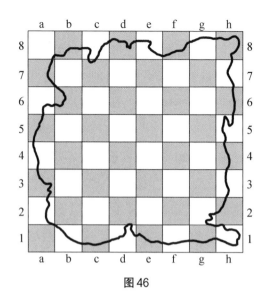

图 46

"第一个问题的答案是宝藏的埋藏方位。我们随后再把这个格子分成64个小格,通过第二道题的答案就能缩小范围到这些小格中的一格。最后,再次重复这个过程后,第三道题的答案就能令我们把藏宝的范围从整座岛的10平方千米缩小到不到4平方米。剩下的就容易多了,我们唯一要做的,就是解出这三道国际象棋推理题。"

"剩下的就容易多了? 只有你才能说出这样的话吧!"爱德华不失幽默地自嘲道。

"实际上这些题没有想象中那么难。"福尔摩斯回答说,"虽然最后一题确实让我费了一番工夫。"他顿了顿,接着说:"我们来看这第一题,我首先观察到的是白方正在被a8的黑车将军。那么黑方的最后一步棋是什么呢?"

"显然是黑王从a7或a6移到b6。"马斯顿上校回答道。

"不可能是从a7,"爱德华·马斯顿也熟知国际象棋规则,"从a7来的话,c7的白车就对黑王形成了'不可能的将军'。"

"你说得对。"马斯顿上校说,"那就是黑王从a6到b6。"

"很好。"福尔摩斯说,"黑王在a6的话,f1的白象就形成了将军,所以黑王是为了逃将而移动的。那么,f1的白象又是怎么形成将军的呢?"

"有可能是白马从 c4 到 b6，然后黑王吃掉了这枚白马。"我还记得之前福尔摩斯给我讲过类似的题，于是赶紧说道。

"还有一种可能，是一枚白车从 b5 移到 b6 形成了将军。"爱德华补充道。

"你们的想法很好，但都不对。"福尔摩斯说道，"白马和白车在黑兵从 f7 到 h5 的路上被吃了。局面里，白棋少了一车、一马、一象、一兵。象是起始于 c1 的，不可能在白格被吃。兵不可能从 c2 走到 g 竖线，因为不可能吃那么多黑棋，而且题目也说了，兵没有升变过。所以，黑兵从 f7 到 h5，吃的就是车和马。"

"为什么白兵不可能吃那么多黑棋呢？"马斯顿上校问道，"白兵从 c2 到 g6 只要吃 4 枚黑棋，而黑棋总共少了 5 枚呢！"

"你忘了，g5 的白兵只可能是从 e2 走到 g5 的，它需要吃掉两枚黑棋。这就意味着总共要吃 6 枚黑棋，超了 1 枚。"福尔摩斯解释道。

"我明白了。"马斯顿上校闷闷地说。

"所以说，黑王在最后一步不可能吃了白车或者白马。那它的最后一步能是什么呢？而这之前，白方又走了什么呢？"

"我看不出有任何的可能性。"我回答道。

"别那么快就放弃嘛！"福尔摩斯笑了，"华生，你忘记了一个老把戏，吃过路兵！黑方的最后一步棋是黑王在 b6 吃了一枚白兵。那么白方的前一步棋就可以是白兵从 c5 到 b6，并且吃掉了 b5 的过路兵。这样，白象就可以闪将。而更前一步里，黑方一定是黑兵从 b7 到 b5，而再之前一步，是白兵从 c4 到 c5，使白象闪将黑王。"

"妙啊！"爱德华赞道。

福尔摩斯继续解说："那这就表明在两步之前，b7 位置有一枚黑兵。因此，f7 位置的黑象不可能来自 c8，因为 c8 的象被兵挡住，不可能离开起始位置。也就是说，f7 位置的黑象是升变而来的。"

"升变成象！这么奇怪！"爱德华虽然聪明，却因为没有回溯分析经验而对低升变大惊小怪。

"华生可以作证,在回溯分析里,这可算不上奇怪。"福尔摩斯抚掌大笑,说,"言归正传,这枚f7的黑象显然是从a7的黑兵升变而来的。它吃了一枚白棋后来到b竖线,最后在b1升变。一定是白兵先从b2到b3,然后这枚黑兵才从a3到b2吃子的。"

"等一下。"爱德华急忙打断道,"为什么b3的白兵不可能来自c2呢? 这样这枚起始于a7的黑兵可以是在b竖线的其他位置吃子。"

"好问题。"福尔摩斯肯定了他的想法,"不过那样的话,黑王刚刚吃掉的这枚白兵就是从b2而来的,它需要先吃一枚黑棋到c竖线,然后再用吃过路兵的方式回到b竖线,一共吃两枚黑棋。此外,b3位置的白兵吃一枚黑棋,g5位置的白兵吃两枚黑棋,总共吃5枚黑棋。但c8位置的黑象又是在起始位置被吃的。这样被吃的黑棋总数就超了一枚。"

"太妙了!"爱德华又一次称赞福尔摩斯的思维缜密。

"这样,我们就解开了这道题。"福尔摩斯总结道,"棋盘上缺失的白象不是在g6或h5被吃的,因为这两个格子是白格。此外黑王在b6吃的是一枚白兵。那么,剩下的可能性就是黑兵从a3到b2这一步吃掉了白象。即:第一题的答案是b2。"

"这道题可真是巧妙!"马斯顿上校的语气中难掩骄傲,"我在想这道题是不是我曾祖父自己创作出来的?"

"我想,一定是的。"福尔摩斯说,"我想他一定不会用别人出的题。"

(2)马斯顿船长的第二道题

"第二道题:a3格的白兵吃掉了哪一枚黑棋?"福尔摩斯润了润嗓子,然后说,"这道题相对简单。黑方共少了两象一兵。这里被吃的不可能是起始于f8的黑象,因为黑象在起始位置就被吃了;也不可能是起始于c8的黑象被吃,因为这枚象只在白格移动,不可能走到a3(黑格)被吃。缺失的兵来自h7,显然它也不可能走到a3被吃。换而言之,这枚起始于h7的黑兵一定是升变了。可是,这枚黑兵是怎么穿越第2横线的呢? 既然白王没有移动过,那么黑兵就不可能到过d2、f2,即黑兵只可能是在吃掉两枚白棋后抵达f3,

随后再吃一枚白棋到e2(**先是**白兵从e2到e3,**随后**黑兵到f3,黑兵f3到e2吃子,**再之后**白兵f2到f3)。黑兵到达e2以后,又吃了第四枚白棋抵达d1或f1完成升变。既然f3的白兵只可能在黑兵抵达e2**以后**才从f2到f3,那么黑兵到e2时,白方王翼的白车一定还没有离开第1横线,即黑兵吃的前3枚白棋中不可能有这枚白车。白方一共少了4枚棋子,并且全都是在黑兵升变途中被吃的。那么很显然,黑兵吃的第四枚棋子,即在d1或f1吃的就一定是这枚王翼侧的白车。考虑到黑兵在e2时,这枚白车离开第1横线的路线是被堵死的,所以白车不可能到d1,那么它一定就是在f1被吃的。所以第二题的答案:白方王翼的车是在f1被吃的。"

(3)马斯顿船长的第三道题

福尔摩斯继续解释第三题。他说:"第三题很特别,它其实包含了两个问题。首先,我们要弄明白这枚神秘棋子是什么,然后要推算出这枚棋子两步之前在哪里。"

"等一下,"爱德华打断了福尔摩斯,问:"有没有可能我们不知道这枚棋子是什么,就能算出它两步之前的位置呢?"

"这个问题很有意思。"福尔摩斯回答道,"我倒是没有沿着这个思路想过。拿到这道题目的时候,我就先想着要推算出它是什么。我最初毫无头绪,也找不到切入点——黑白双方都没有被将军,也没有兵吃子的痕迹。该从哪里入手呢?"

我们再次看向棋谱,仔细地研究起这一局面来。可是,我们谁也没有一丝头绪。

福尔摩斯说:"我是在某天深夜开始研究这道题的,但是什么也想不出来,无奈之下先去睡觉了。迷迷糊糊睡到半夜时,我从梦中惊醒,梦里有个声音提醒我'是黑方王翼的象!'所以,这就是切入点。"

我说:"黑方王翼的象不在局面中,它一定是在起始位置就被吃了。"

"没错。可问题是,是谁吃了这枚象呢?"福尔摩斯追问道。

很快,我们都看出了端倪。马斯顿上校率先说:"吃掉它的肯定不是车或后,因为黑王既没有移动过,也没有被将军过。吃掉它的也不可能是象或兵。因此,f8的象一定是被白马吃掉的。但是,白方一开始就让了黑方两枚马,所以吃掉这枚黑象的一定是**升变而来的马**。"

"一点没错。"福尔摩斯答道,"这样一来,要确定局面里少了什么棋子就容易多了。升变的白兵只可能来自h2。不过,由于黑王没有移动过,也从未被将军,所以这枚来自h2的白兵不可能再经f7升变,只可能是在吃掉5枚黑棋后经c7升变。此外我们知道,黑方的两枚象都是在起始位置被吃的,而黑方王翼的车被局限在f7、f8、g8、h8四格,所以这三枚黑棋不是被升变的白兵吃掉的。这就已经有8枚黑棋被吃,所以局面里剩下的黑棋总数不可能多于8枚。因此h6位置的神秘棋子不可能是黑棋。接下来,我们的问题就变成了——这是一枚什么白棋呢?"

"也许是升变的白马?"爱德华说,"我觉得故事情节这样安排才比较戏剧化。"

"实际上,事实正是如此。"福尔摩斯回答道。

"可你是怎么知道的呢?"我问道。

"好吧,听我说,华生。我们刚才已经分析过了,除了两象一车以外,黑方所有被吃的棋子都是在白兵从h2到c7的过程中被吃的,那么其中必然包括起始于a7的黑兵或者它升变成的棋子。我们知道,起始于a7的兵不可能走到从h2到c7这条斜线上,那么被吃的**只可能**是由它升变成的棋子。我们也知道,白王没有移动或被将军过,那么这枚黑兵就不可能经d2升变。这样一来,起始于a7的黑兵一定是吃掉4枚白棋后到达e2,随后再吃一枚白棋,在d1或f1升变。这一路吃掉的5枚白棋就是白方所有被吃的棋子了。(别忘了,白方让了两枚马,总共只有14枚棋子,而算上h6的神秘棋子后,现在局面中共有9枚白棋。)因为现在局面中剩下的黑棋只有王和兵,所以无论起始于a7的黑兵升变成了什么,现在肯定已经是被吃了,而且是在白兵从h2到c7的途中被吃的。也就是说,白兵从h2到c7一路吃掉的棋子是黑方的一后、两马、后翼的车,以及由黑兵升变而来的棋子。"

"为什么我们一定要知道是白兵吃掉了这枚升变而来的黑棋呢?"马斯顿上校不解地问。

"因为,这就表明,黑兵升变**先**发生,**然后**才有白兵升变。所以,白兵升变得来的马**不可能**是黑兵升变途中吃掉的那五枚白棋之一。并且,通过此时局面中白棋的数量我们可以知道,这枚升变得来的马也没有被其他任何棋子吃掉。因此,h6的神秘棋子一定就是这枚升变而来的白马。"

"说得很对。"爱德华道,"那么现在就到了这题的第二问了:这枚马两步之前在哪里?"

福尔摩斯咧开嘴笑了,他说:"事实证明,你们的这位曾祖父真的非常有幽默感。"

"的确,他确实是个幽默的人。"爱德华也笑着回答。

"答案是这样的。"福尔摩斯解释说,"在最后的两步棋里,黑方一定有棋子被吃了,不然就会出现'回溯性和棋'。"

"什么是'回溯性和棋'?"爱德华问道。

福尔摩斯解释道:"如果局面里不存在可能的前一步,那么就是'回溯性和棋'了。你们仔细看,在这个局面里,白兵从h2到c7后升变,所以黑兵在它升变之前就已经在c6位置了。那么,这局棋的最后几步(肯定大于两步)里,这枚黑兵都没有移动过。所以,黑方的最后一步棋一定是黑兵从f7到f6,那么再前一步是什么呢? 一定是移动了一枚现在已经不在局面里的棋子。也就是说,这个局面的两步之前,有一枚可以自由移动的黑棋,而这枚黑棋在倒数第三步移动,在倒数第二步被吃,而最后一步则是黑兵从f7到f6。那么这枚被吃的黑棋是什么呢? 唯一的可能性是此时在h6的白马,上一步在f7或g8吃掉了黑方王翼的车。不过,因为黑兵是最后才从f7到f6的,所以被吃的黑车当时不可能在f7,只可能是在g8。即,白方的最后一步棋之前,黑车在g8位置。那么,这枚白马又是从哪一格才能走到g8吃黑车呢? 肯定不能是从f6,因为这个位置可以将军,那么剩下的可能性就是h6。也就是说,如果我们把局面中f6的黑兵放回f7,然后在g8位置摆上黑车。那

么这局棋的最后几步就依次是:

① 白马从h6到g8吃黑车,黑兵从f7到f6;

② 白马从g8到h6。"

"所以,两步之前,这枚白马就在h6,和现在一模一样的位置!"

原来,两步之前神秘棋子的位置和现在一模一样! 看来这道题的答案确实有点幽默色彩!

(4) 第二箱宝藏

"现在我明白了从这三道题的答案怎么推算出宝藏的位置。但是这个位置是第一个宝箱的位置吧? 你又是怎么发现第二个宝箱的位置的呢?"

"纯属侥幸,纯属侥幸。"福尔摩斯说,"发现第二个宝箱的线索纯属意外,不然这个宝箱可能还会在地里埋上千年万年。

"这个线索是这样发现的:周二下午我们找到第一个宝箱,却空着手回到这座屋子。当时,我很失望,想找点什么事情做,缓和一下自己的情绪。所以我去了图书室,找了几本马斯顿船长的国际象棋藏书翻看。也是我运气好,突然发现了其中有这样一张字条:

68—12, 2, 14, 22,

14—3, 15, 8, 12, 9。

"我之所以注意到这张字条,是因为它夹在一张这座岛的地图里。很幸运,这张字条也可以用《阿拉伯的马》这本书来编译。它的内容是这样的:

想得到宝藏的第二部分,就把这些题目的顺序倒过来。

"字条的意思很明显。我们只要用第三道题的答案来确定大致方位,得到宝箱约摸在小岛的东北方,然后把对应区域细分为64格,用第二道题的答案来进一步缩小范围,最后用第一道题的答案就能准确定位宝箱了。"

3. 寻宝记后记

马斯顿小岛的冒险旅程就写到这里吧。在出发寻宝之前,我们并没有和马斯顿兄弟约定找到宝藏后的分成比例,不过他们兄弟俩非常大方。我们不得不拒绝他俩提出的分成方案,因为给的实在太多了。一番推让后,我们拿到的分成虽然比兄弟俩最初提议的少,却也大大超出了我们认为应得的比例。不过,即使这样,马斯顿上校仍然坚持认为我们理应拿更多。

"福尔摩斯,难道你不觉得吗?要不是有你在,我们根本就找不到这堆宝藏呀!"

福尔摩斯难得谦虚了一回,他说:"这一点我可不敢苟同。我真心认为其他人也可以在国际象棋回溯分析上与我一决高下。"

"好吧,好吧。"马斯顿上校最后说,"至少你应该拿几件纪念品带走吧?这里有没有什么书或者仪器是你感兴趣的?"

这回,福尔摩斯没有推辞,他颇不好意思地说:"确实有一样东西我非常想要,就是——这本《阿拉伯的马》。"

第4章

莫里亚蒂的自创题

我们回到英国已经7个月了。不过,有两个谜团直到今天才被解开。

马斯顿上校也回到了伦敦,今天晚上他到贝克街来看我们。我们又聊起了那场寻宝历险。

马斯顿上校问道:"我很好奇,是谁偷走了第一个宝箱呢?"

福尔摩斯回答道:"我对这位盗宝贼的身份一清二楚。"他向马斯顿上校介绍莫里亚蒂其人其事,并补充道:"显然马斯顿船长的藏宝图不止一份。虽然我们不知莫里亚蒂是怎么得到那份藏宝图的,但我并没有发现你们家族与他有任何关联。"

我们静静地坐着,努力思索莫里亚蒂与谁有联系。突然,福尔摩斯问:"你知不知道有一位已故的伊桑·拉塞尔先生?"

马斯顿上校大吃一惊,嚷道:"当然认识!他的夫人维奥莱特在出嫁前也姓马斯顿,她是我的表妹。在她去世时,我曾祖父马斯顿船长在世的后人就只有我哥哥爱德华、我和她三人。当时,她和她的丈夫离奇去世之前,两人正在前往马斯顿小岛探望我哥哥的路上。他们曾写信告诉爱德华,说发现了对马斯顿家族来说也许至关重要的文件,可是途中他们就在船上不明不白地死了。"

那天晚上,福尔摩斯对我说:"这下,我们就能解释莫里亚蒂与马斯顿家族的关联,也知道他谋杀拉塞尔博士的动机了。"

哦,还有一件事。读者们可能记得,在去马斯顿小岛的游轮上,福尔摩斯说过他收集了一些莫里亚蒂创编的国际象棋回溯分析题。我把这些题目及其答案附在本书最后。

至于我们从马斯顿小岛带回伦敦的《阿拉伯的马》一书,我们还在继续研究。这本书的来历成谜,作者的署名"德诺米亚尔"似乎是一个笔名,但对此我们并不十分确定。因为是手稿,有些地方已经字迹模糊,只能连蒙带猜地理解。这本书里并没有提供答案,也许是作者压根没写,也有可能答案另附于他处,对此我们不得而知。所以,对于这本书,福尔摩斯和我还在慢慢摸索中。希望有一天,我们能完成这本书的整理工作,并将其出版。

1. M1

M1—M4这四题是莫里亚蒂在9岁之前创编的。其中M1是他创编的第一题,当时他年仅7岁。这道题目虽然简单,却也足以显示出莫里亚蒂的聪明早慧。

黑方-6

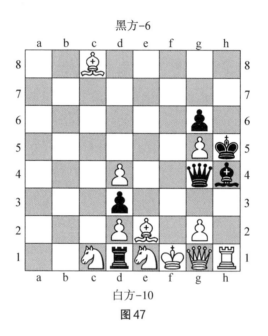

白方-10

图47

已知:在最后四步棋里,黑白双方谁也没有吃子。现在轮到白方走子。

请问:在图示局面之前的最后一步棋是什么呢?

2. M2

莫里亚蒂在 8 岁时创编了此题,真厉害!

黑方-2

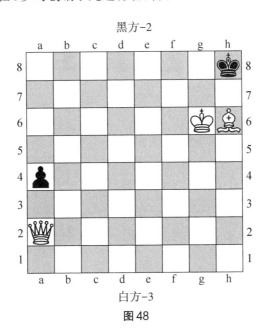

白方-3

图 48

已知:在最后五步棋里,白方的王和后都不曾移动过,此期间内也没有任何棋子被吃。

请问:在图示局面之前的最后一步棋是什么呢?

3. M3

黑方-9

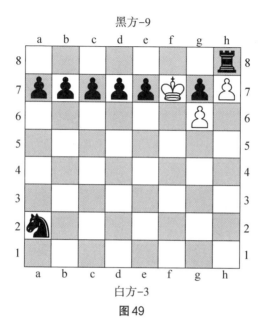

白方-3

图49

已知:在最后五步棋里,没有任何兵移动过,也没有任何棋子被吃。黑
王被无意间碰倒,掉出了棋盘。

请问:黑王此时应在哪一格呢?

4. M4

莫里亚蒂在快成年时编写了此题。可以感觉到,此时他的思维已更趋成熟。

黑方-11

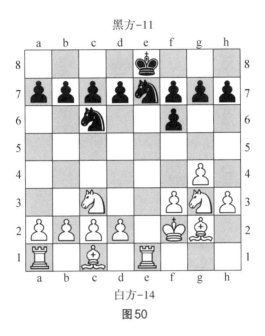

白方-14

图 50

已知:黑王从未移动过,也没有被将军过。此外,这局棋白方让了黑方一子,但不是兵。

请问:白方让的子是哪一枚呢?

5. M5

不知为何,M5与M4的创编时间相隔了20余年。创编此题时,莫里亚蒂已经取得了博士学位。从创意到遣词,此时的他已老练了许多。

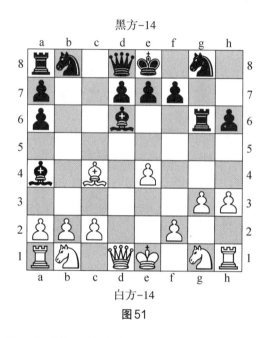

黑方-14

白方-14

图51

已知:双方的王和后均不曾移动。

求证:①如果局面里没有升变后的白棋,那么黑白双方的四枚马中有一枚移动过。②如果局面里没有升变后的黑棋,那么黑白双方的四枚马中有两枚移动过。

6. M6

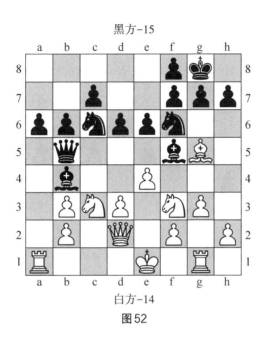

图52

已知：白方可以王车易位。

请问：d2格的白后是否升变而来？

7. M7

已知:双方均可以王车易位。c6格有一枚神秘棋子,它是一枚黑棋并且不是车。

黑方-13

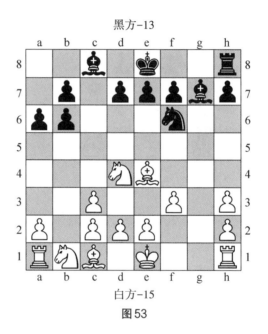

白方-15

图53

请问:

① 如果c6格的神秘棋子是黑马,那么局面中缺失的黑后是在哪个格子被吃的?

② 如果c6格的神秘棋子是黑后,并且这枚黑后并非升变而来,那么局面中缺失的黑马是在哪个格子被吃的?

③ 如果c6格的神秘棋子是黑后,并且这枚黑后是升变而来的,那么局面中缺失的黑马是在哪个格子被吃的呢?

8. M8

已知:黑方的第一步棋是黑兵从 d7 到 d5;位于 f5 的黑马不多不少只走过 3 步;黑后、黑王、h8 的车从未移动过。

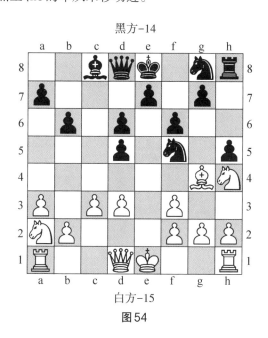

黑方-14

白方-15

图54

本题第一部分:

① 求证:在所有仍位于起始位置的棋子中,有三枚曾经移动过。

② 请问:位于 h5 的兵移动过一次还是两次?

③ 请问:如果把 h5 的兵移到 h6,那么这个局面有可能存在吗?

本题第二部分:

假如位于 c8 的黑象不在此时的位置,并且这枚象:i.在局面中的某个白格上;ii.从没有到过 f7,也从未经过 b7 或 c6 格;iii.白方王翼的象移动之后,这枚黑方后翼的象才移动。那么请问这枚黑象现在在哪个格子呢?

9. M9

已知:双方的王均没有移动过。f2格上有一枚兵,但不知黑白。f3、f4交界处有一枚白马,但不知具体在其中哪一格。

黑方-14或15

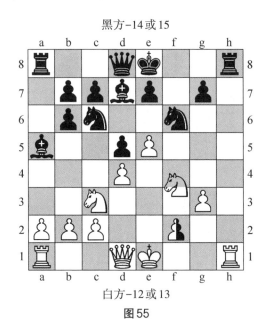

白方-12或13

图55

请问:

① f2格的兵是黑兵还是白兵?

② f3、f4交界处的白马应在哪一格?

10. M10

这道题创编于莫里亚蒂晚年,可以说是他的巅峰之作。

黑方-10

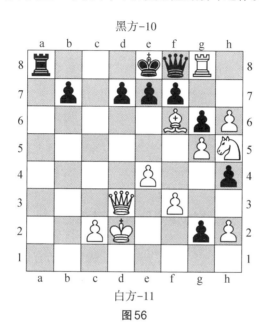

白方-11

图 56

已知:现在轮到白方走子。

请问:白方是否能在两步之内将杀黑王?

附录A 国际象棋比赛规则和特殊走法

国际象棋是世界上一个古老的棋种,发展至今已有近2000年的历史。

棋盘与棋子

国际象棋棋盘为正方形,由横纵各8格、颜色一深一浅交错排列的64个

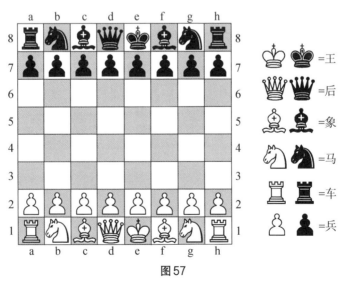

图57

小方格组成。棋子就在这些格子中移动。国际象棋棋子共32个,分为黑白两组,各16个,由对弈双方各执一组,双方兵种一样,分别为6种。

下 棋 规 则

国际象棋的布子规则是:无论是白方视野还是黑方视野,棋盘的最右下角的一格一定要是白色,白后一定要放在白格上,黑后一定要放在黑格上。白王一定在e1格,黑王一定在e8格。

国际象棋的下棋规则是双方对下,一方用白棋,一方用黑棋。对局由执白者先行,每次走一步,双方轮流行棋,直到对局结束。各种棋子的一般走法如下。

王(K):横、直、斜都可以走,但每次限走一步。王不可以送吃,即任何被敌方控制的格子,己方王都不能走进去。否则算"送王"犯规,三次就要判负。(1)除易位时外,王可走到不被对方棋子攻击的任何相邻格子,而且只能走一步(着)。(2)易位是由王和己方任何一个车一起进行的仍被视作王的一步(着)的走法。

后(Q):横、直、斜都可以走,步数不受限制,但不能越子。

车(R):横、竖均可以走,步数不受限制,不能斜走。除王车易位外不能越子。

象(B):只能斜走。格数不限,不能越子。开局时双方各有两象,一个占白格,一个占黑格。

马(N):每步棋先横走或直走一格,然后再往外斜走一格;或者先斜走一格,最后再往外横走或竖走一格(即走"日"字)。可以越子。

兵(P):只能向前直走,每次只能走一格。但走第一步时,可以走一格或两格。兵的吃子方法与行棋方向不一样,它是直走斜吃,即如果兵的斜进一格内有对方棋子,就可以吃掉它而占据该格。

特 殊 着 法

除了棋子的一般着法外,国际象棋中存在下面三种特殊着法:

吃过路兵:如果对方的兵第一次行棋且直进两格,刚好形成本方有兵与其横向紧贴并列,则本方的兵可以立即斜进,把对方的兵吃掉,并视为一步棋。这个动作必须立刻进行,缓着后无效。记录时记为"en passant"或"enpt",法语中表示"路过"。

兵升变:本方任何一个兵直进达到对方底线时,即可升变为除"王"和"兵"以外的任何一种棋子,可升变为"后""车""马""象",不能不变。这被视为一步棋。升变后按新棋子的规则走棋。

王车易位:每局棋中,双方各有一次机会,让王朝车的方向移动两格,然后车越过王,放在与王紧邻的一格上,作为王执行的一步棋。王车易位根据左右分为"长易位"(后翼易位,记谱记为0-0-0)和"短易位"(王翼易位,记谱记为0-0)。王车易位是国际象棋中较为重要的一种战略,它涉及王、车两种棋子,是关键时刻扭转局势或解杀还杀的手段。

王车易位有较为严格的规则限制,当且仅当以下6个条件同时成立时,方可进行王车易位:

1. 王与用来易位的车均从未被移动过(即王和车处在棋局开始的原始位置,王在e1或e8,车在a1、a8、h1或h8。但如果王或用来易位的车之前曾经移动过,后来又返回了原始位置,则不能进行"王车易位",因为不符合"从未被移动过");

2. 王与用来易位的车之间没有其他棋子阻隔;

3. 王不能正被对方"将军"(即"王车易位"不能作为"应将"的手段);

4. 王所经过的格子不能在对方棋子的攻击范围之内;

5. 王所到达的格子不能被对方"将军"(即王不可以送吃);

6. 王和对应的车必须处在同一横行(即通过兵的升变得到的车不能用来进行"王车易位")。

在符合上述规则且有下列情况出现时,允许王车易位:

1. 王未正被"将军",但之前被"将军"过;

2. 用来易位的车正受对方攻击;

3. 在长易位中,车所经过的格子在对方的攻击范围之内。

在比赛中进行王车易位走子时,必须先移动王,再移动车,否则被判为车的一步棋,王车易位失效。

胜 负 判 定

国际象棋的对局目的是把对方的王将死。比赛规定:一方的王受到对方棋子攻击时,称为"王被照将",攻击方称为"将军",此时被攻击方必须立即"应将",如果无法避开将军,王即被将死(长将除外),"将军"方赢得比赛。除"将死"外,胜负判定还有"超时判负"与"和棋"。

出现以下情况,算和局:

1. 一方轮走时,提议作和,对方同意(一方提和时,必须在自己走棋的时间内提出和棋,同时走出自己的棋并按钟。任何提和都不可以撤回。对方在自己的时间内思考是否和棋。同意,则口头声明;不同意,则拒绝或直接走棋。任何人都不能连续提和,但允许双方交替提和);

2. 双方都无法将死对方王时,称为material或"死局";

3. 一方连续不断地将对方的王,且对方无力避免,这被称为"长将和";

4. 轮到一方走棋,王没有被将军,但却无路可走,称为stalemate或"逼和";

5. 对局中同一局面出现三次,而且每次都是同一方走的,并且没有任何可走棋步的差别,判为和局,称为"3 folder"或"三次重复";

6. 双方在连续50回合内都没有吃掉对方任何一子,并且未移动一个兵的,判为和局。

附录B 第二章答案

印度棋子之谜

红方正在被将军,所以最后一步棋一定是绿方走的。我们想要知道的是哪一方走了第一步,那只要知道棋盘上一共走了奇数步还是偶数步即可推算出来。

b1格的车走了奇数步,其他3枚车都走了偶数步(可能都是0步);红方的两枚马加起来走了奇数步,因为两枚马此刻处于同一颜色的格子上;类似地,绿方的两枚马共走了偶数步;红绿双方中,一方的王走了偶数步(也许是0),另一方的王走了奇数步;双方的象和兵都不曾移动,且双方的后都在起始位置被吃。因此,棋盘上走过的总步数是奇数步。因此,是绿方先走的,即绿方是白方、红方是黑方。

另一道归位题

白兵共吃了6枚黑棋,而黑兵共吃了8枚白棋。棋盘上少了1枚白兵,它要么被吃了,要么升变了。现在位于a4、b4和c4的白兵分别来自于c2、d2和e2,所以如果有白兵被黑兵吃掉的话,那被吃的白兵只能来自f2、g2或者h2,但这是不可能的。因为即使是来自f2的白兵,要想被吃,也要首先吃掉2枚以上黑棋,才能在抵达d竖线或更远时被吃。这就说明,白兵确实升变了。

黑方共少了7枚棋子,有6枚是被a4、b4、c4这3枚白兵吃掉的。所以,升变了的白兵最多只能吃1枚黑棋。如果是来自f2、g2的白兵升变,都需要至少吃两枚黑棋(黑王没有移动过)。所以,只可能是来自h2的白兵在g8升变才能正好满足"最多吃1枚棋子的条件"(h2的白兵只能在g8升变,因为黑方王翼的车从没有移动过),所以吃子的过程发生在从h7到g8的这一步。以上已经囊括了全部被吃的7枚黑棋。此外,起始位置在h7的黑兵不可能是被起始于h2(并且后来升变)的白兵吃掉的,也不可能是被现在在a4、b4

和 c4 的白兵吃掉的(那样的话,它要吃的棋子太多了)。所以,起始于 h7 的黑兵一定也升变了。因为白兵是从 h2 走到 h7 再到 g8 升变,所以这枚黑兵不可能沿着 h 竖线向下走,只可能在 g 竖线完成吃子(这枚黑兵能吃的棋子不超过一枚)。于是我们就可以推断出,那枚位置没放好的白兵一定应该在 f2,这样黑兵才可能经 g2 抵达第 1 横线(并且这枚黑兵一定是在 g 竖线吃掉了起始于 g2 的白兵)。

福尔摩斯平息争议

这道题的答案确实简单。解题的核心在于证明黑方"还没有足够的时间"走王或车。

白方的最后一步棋是兵从 e2 到 e4。在此之前,他能走的只有 a2 的兵(别忘了,白方让了一枚车)。从 a2 到 a6,这枚兵最慢也要走 4 步,从 a6 到 b7 吃兵,又要 1 步(随后黑象吃掉了这枚白兵)。所以,白方有最多 5 步用在了这枚白兵上,且白方最多走了 6 步。与此同时,黑方走到目前的局面也至少需要 6 步(1 后、2 象、2 马和 e5 的兵各需要 1 步)。因为白方最多走了 6 步,黑方至少走了 6 步。而在国际象棋中,白方先走子,所以黑方走的步数不可能比白方多。唯一的可能是黑方也正好走了 6 步,即王和车都还没来得及移动,因此是可以王车易位的。

同样,白方也正好走了 6 步,说明现在轮到白方走子。

被碰掉的兵

黑方少了一枚车,这枚车是在 h3 位置被白兵吃掉的。黑王不曾移动过,那这枚车是怎么离开第 8 横线的呢?唯一的可能性是 c6 位置的兵来自 b7,而 b6 位置的兵来自 c7,这样,先吃子的兵就让出了可容车通行的路线。更准确地说,黑车是在黑兵从 b7 到 c6(并且吃掉一枚白棋)之后才走出来的。因为 b7 格的兵会挡住 c8 格的象,使其无法离开,也就不可能走到 f5;同样,此时车也被局限在 a8、b8 两格。所以先有黑兵从 b7 到 c6 吃子,然后黑车、黑象离开第8横线,再有黑兵从c7到b6。

　　白方目前少了一象一车(被碰掉的兵理论上还在棋盘上,只不过我们不知道它究竟在哪个格子),这两枚白棋分别在b6、c6被吃掉。因为被吃了的白象是沿着黑格前进的,所以它一定是在b6被吃掉,那么白车就是在c6被吃掉。根据之前的分析,白车在c6被吃一定早于黑车在h3被吃,即白兵从g2到h3吃子之前,白车就已经被吃了。可既然白王也没有移动过,那白车又是怎么离开第1横线的呢?唯一的可能,就是此时局面中a1格的白车其实来自王翼,而c6格被吃的白车实则来自后翼!顺序如下:先是白方后翼的车在c6被吃,然后黑车出来,在h3被吃,再接着王翼的车离开h1,最后抵达a1。

　　局面中还剩7枚白兵,所以被碰掉的兵只可能来自c2。可是它应该在哪儿呢?现在我们已经知道白方后翼的车在c6被吃,而白王是从未移动过的。那么,被碰掉的白兵不可能在c2格,因为那样后翼的车就出不来,更不可能被吃;这枚白兵也不可能在c3,因为只有一枚黑棋被吃(发生在h3),所以b2、c2的兵没有交叉吃子使白车得以通过(即:b3格的兵一定来自b2,而被碰掉的白兵如果在c3就依然挡住了白车)。但我们知道,这枚被碰掉的白兵一定还在c竖线,因为它的起始位置就在c2并且从没吃过子,自然也就不能到其他竖线。如此一来,它可能的位置只剩下了c4和c7。我们已经知道,黑兵从b7到c6发生在先,从c7到b6发生在后,因此这局棋里无论何时,c6或c7始终有棋子存在,白兵也就不可能抵达c7。所以,白兵可能的位置只剩下了c4。

从 哪 里 来

　　这个局面里一共少了一象一兵两枚黑棋。c3格(黑格)的白兵吃掉的棋子不可能是黑方后翼的象,因为这枚象只能沿白格移动。那么,这枚白兵吃掉的,要么是局面中缺少的那枚黑兵,要么是这枚黑兵升变后的棋子(因为已知现在的局面中没有升变后的棋子)。

　　那么,这枚不见了的黑兵,是来自d7还是e7呢? 答案是d7。因为如果它起始于e7,那现在e5的黑兵就起始于d7,那样的话,起始于e7的黑兵无论是升变还是到c竖线被吃,需要吃掉1枚以上的白棋;d7的黑兵走到e5又需要吃掉1枚白棋,而白方一共只有1枚棋子被吃,因此可以排除这种假设。这样,我们就证明了局面中缺少的黑兵来自d7,它要么还没来得及升变就在c3被吃了,要么先升变成别的棋子,**然后**在c3被吃。如果是前者(没有升变),那这枚黑棋在沿途需要吃掉1枚白棋;如果是后者(先升变,再在c3被吃),那在升变前,c3格的白兵还在d2,升变只可能发生在e1,这样也需要黑兵吃掉1枚白棋才能离开d竖线。所以,无论是哪种情况,黑兵(或它升变后的棋子)在被吃(发生在c3)**之前**都必然吃掉了1枚白棋。而黑兵吃掉的一定是起始于f1的白象,因为棋盘上只少了这1枚白棋。这枚白象只有先离开了第1横线才可能被吃,那么在这之前,e2的白兵肯定已经走到了e3。

　　这就是整道题的关键了:在白兵从d2到c3吃子这一步之前,e3的这枚白兵就已经在e3了。这就意味着,位于g5的白象一定是从起始位置c1出发,经f2抵达g5。所以白兵的最后一步,不可能是从f2到f4,那样的话白象被c3、e3、f2的兵挡住,不可能抵达g5;白兵也不可能是从g3到f4,因为从f2到g3、g3到f4要吃两枚黑棋,再加上d2到c3的白兵也吃了1枚黑棋,总共得有3枚黑棋被吃,这与局面不符。通过以上分析可知,白方的最后一步棋一定是白兵从f3到f4。

难　　吗

　　黑棋只少了1枚起始于c8的象,因为这枚象只在白格移动,所以它显然是在白兵从e2到f3这一步被吃的。这枚白兵在f3吃了黑象以后,白方f1格的白象才能出来,接着才是h1的车出来。因此,先有黑兵在c6吃掉1枚白车,然后黑象离开c8,在f3被吃,之后才是h1的白车离开第1横线。所以,在c6被吃的不是起始于h1的白车,而是起始于a1的白车。那么,a1的白车离开第1横线时,b3、c4的兵必然已在当前位置(对于c4的兵,这是显然的,而对于b3的兵,则是因为c1的象要想抵达e5,b2的兵必须先挪开。)所以,f1的白象出来时,白兵已经从e2到f3吃掉黑象,而这就要求b3、c4、c6、d7这四枚兵已经在当前的位置——但这样一来,白象从f1出发,是无论如何也到不了a4的。

逻辑学家的思考

我们先来回答真话村和谎话村的题。B和C的说法是相反的,所以B、C两人中必有一人说真话、一人说假话。如果A说真话,那么三人中就有两人说真话、一人说假话。那么,说真话的A不可能说"三人中只有一人说真话"。反过来,如果A说假话,那么三人中就只有一人是说真话的,那么说假话的A不可能照实说"只有一人是说真话的"。因此无论如何,A都不可能说只有一个人说真话。所以B说的是假话,C说的是真话。

我们再来看看费格森提出的国际象棋问题。如果黑方**不能**王车易位,那么白王可以走到e6,无论黑方接下来走哪一步,白方都可以赢。

如果黑方**可以**王车易位,那么黑方的上一步走的一定不是黑王或黑车。这样黑方走的一定是黑兵,而且是从e7到e5(因为e6位置形成了将军)。那么,白方可以用吃过路兵的方式吃掉这枚兵。这样,d6、e6、f6、g7都被白兵占据,黑王只能走到d8(白兵d6到d7将杀)或进行王车易位(白兵b6到b7将杀)。

费格森的这道题,关键在于我们不知道黑方是否可以进行王车易位。**但无论**是否可以,白方**都**有办法进行二步杀。因此,当我们不了解这局棋的过去时,我们就不能判断黑方是否可以王车易位,也就无法指出应该先走哪一步才能二步杀。

升 变 之 谜

黑方少了一象(起始于c8)和一兵,白方少了一枚起始于c1的白象。但白兵从b2到c3这一步,吃掉的不是起始于c8的黑象(这枚黑象只在白格移动），也不是起始于h7的黑兵（白方只有一枚棋子被吃，所以黑兵不可能走到c竖线）。由此可知，起始于h7的黑兵进行了升变。这枚黑兵吃掉一枚白棋（起始于c1的白象）以后，在g1升变。必须先有白兵在c3吃黑棋，随后才有c1的白象离开第1横线，并在g竖线被吃。因此白兵在c3吃子先于黑兵升变，即升变后的黑棋仍在棋盘上。

旧 日 梦 魇

这是目前我所见的回溯分析题中最为复杂的一题。相比之下，此前与帕默斯顿兄弟讨论的王车易位题都显得非常小儿科了！

黑方少了一枚象、一枚兵。缺少的这枚象来自c8，沿白格移动，而缺少的兵来自g7或h7。白兵在a3吃掉了一枚黑棋，并且被吃的不是象，也不是兵（不可能到a竖线）。因此，缺少的兵不是被吃了，而是发生了升变。如果a3的白兵吃掉的**不是**升变后的黑棋，那么升变后的黑棋就还在棋盘上。不过，如果假设在a3被吃的黑棋恰好**就是**升变后的那一枚呢？那就意味着必须先有黑兵升变，随后才有白兵在a3吃子。而我们也必须要证明这种情况下，棋盘上必须有一枚升变了的白棋。现在，我们来假设黑兵升变后的棋子确实是在a3被吃了，那我们首先观察到的就是g3的白兵来自g2，因为如果是h2的白兵走到g3，那它必须在g3（黑格）吃掉一枚黑棋，而白兵已经在a3（同样是黑格）吃掉一枚黑棋了。已知黑方共有两枚棋子被吃，且必有一枚象在白格被吃，所以g3的兵来自h2是不可能的，它只可能来自g2。

接下来要明确的点是黑兵的升变并非发生在h1，因为白方刚刚进行了王车易位。由此可以推出g6的黑兵确实来自g7，因为如果来自h7的话，那升变的兵就来自g7，那为了不在h1升变，它需要吃掉至少两枚白棋，这使得这两枚黑兵总共要吃3枚白棋，而这是不可能的。因此，g6的黑兵确实来自g7，而升变的黑兵来自h7，并且必然在g2或g1吃一枚白棋。现在，关键问题来了：这枚来自h7的黑兵到底吃掉了哪一枚白棋呢？这枚白棋肯定不是白兵升变而来的，因为那样的话，来自h2的白兵就必须先进行升变，然后升变后的棋子被黑兵吃掉。那它怎么通过黑兵呢？唯一的可能性是黑兵仍在h7时，白兵从h6到g7吃掉一枚黑棋，但这是不可能的，因为a3和g7都是黑格，而黑方必有一象在白格被吃。这就证明了，升变了的黑兵吃掉的棋子并非由白兵升变而来，并且由于它是在g2或g1吃子，所以它吃的也不是来自h2的白兵。这就表明，黑兵吃掉的棋子必然是车、马、象或后。如果吃了车、马或象，那么此时棋盘上必有车、马或象是升变而来的。但假如黑兵吃的是白后，那么黑兵吃子发生在白兵从b2到a3吃黑棋**之前**（因为黑兵升变之前要先吃一枚白棋，而升变后的黑兵是在a3被吃的）。因此，白后离开第1横线时，局面中a3的兵还在b2。这就意味着白兵从b2到a3**前**，c3的兵就已经在c3了，那样c1的象被b2、c3、d2的兵挡住，不可能到现在的位置（g5），即g5的象一定是升变而来的。

总而言之，h7的黑兵一定升变了。如果这枚黑兵升变后的棋子还在棋盘上，那么黑方就有一枚升变后的棋子仍在棋盘上。如果这枚黑兵升变后的棋子不在棋盘上，那黑兵必然在g2或g1吃掉一枚车、马、象或后，并在升变后在a3被吃。如果它吃的是车、马或象，那么此时棋盘上有一枚对应白棋是升变而来的。如果它吃的是后，那么此时g5的白象是升变而来的。

往事不堪回首

威胁信1

这道题的关键在于证明白方只有一种方式在一步内将杀黑王。

首先，白方共有5枚棋子被吃，而仅d3位置的黑兵从h7到d3一路过来，就要吃掉4枚白棋。这就表明，其余的黑兵都没有离开原本所在的竖线，否则就至少还要多吃两枚白棋，与已知矛盾。即：a3、b5、d5、e6的黑兵分别来自a7、b7、d7和e7，并且从没吃子。

接下来讨论白棋。c6、c8都是白格，因此这两处的白象中必有一枚是升变而来的。a5、b4的两枚白兵来自b2、c2，并且这两枚白兵总共要吃至少两枚黑棋。h3的白兵来自g2，并且吃掉至少一枚黑棋。至此，已有3枚黑棋被吃。由此可知,来自 e2 和 f2 的两枚白兵中,一枚升变为白象,另一枚则抵达 e4。我们先假设 e2 的兵升变了,那么,它要想在白格(升变后的白象在白格移动)升变,就必须吃掉至少两枚黑棋。而 f2 的兵到 e4 又要吃掉一枚黑棋。这使得需要吃掉的黑棋总数达到 3+2+1=6 枚,超过黑棋被吃的总数,因此可以排除升变的白兵来自 e2 的可能。所以,e4 的白兵来自 e2,而起始于 f2 的白兵则直达 f6 后,在 e7 吃掉一枚黑棋,并在 e8 升变为白象。

现在我们来讨论黑方的最后一步棋是什么。很显然,不可能是王、象、马,也不可能是 a3、c7、f7、g7 的兵。d3 的兵也不可能,因为这枚兵从 h7 一路斜行而来,所以断不可能从 d4 到 d3。黑兵从 e7 到 e6 也不可能,那样的话升变的白兵就不可能从 f6 到 e7,从而完成升变。黑兵从 d6 到 d5 也不可能,因为 d6 对白王可以形成将军。黑兵从 d7 到 d5 同样不可能,因为那样的话,白兵在 e8 升变为白象后就无法移动了。所以,黑方的最后一步棋一定是黑兵移动到 b5,但并非来自 a6(因为它从未离开起始竖线),也并非来自 b6(b6 形成将军),只可能来自 b7。因此,白方可以以吃过路兵的方式吃掉这枚黑棋,同时将杀黑王。

威胁信 2

根据莫里亚蒂的字条,他要在一步内将杀白王,这说明此时白王没有被将军。如果白王在 g2 到 d5 这条斜线上的任意位置,那它都处于被将军的状态,这就说明白王不在这四格内。但是,此时黑王正在被 h1 的白象将军,显然,这是一个闪将,即有一枚白棋从 g2、f3、e4、d5 这四格中离开。这枚离开的棋子是什么,去了哪儿呢?不可能是白兵从 g2 到 h3,因为那样的话白象不可能到 h1。还有两种可能性是 d6 的白兵和隐身的白王。那么,假设白方上一步是把白兵走到 d6,那它不可能是从 d5 走来的,因为 d5 对黑王形成将军。不过,它确实有可能从 c5 或 e5 走到 d6,并且同时以吃过路兵的方式吃掉 d5 的黑兵。白兵从 e5 到 d6 的情况可以排除,因为这枚兵只可能起始于 c2,从 c 竖线到 e 竖线再到 d5 要吃三枚黑棋,g3、h3 的白兵要吃两枚黑棋,而 f8 的黑象在起始位置就被吃,所以这样一来被吃的黑棋至少有 6 枚,是不可能的。所以,如果白方的最后一步棋确实是白兵吃过路兵后到d6,那么一定是从c5而非e5出发。那么再前一步,必然是黑兵从d7到d5来垫h1的白象形成将军。那么,在这一步之前,白方又是怎么形成将军的呢?唯一的可能性是白王移动后形成了闪将。(我们之所以需要证明d6的白兵只可能来自c5,不可能来自e5,是因为如果这枚兵有可能来自e5,那就有可能先从e4到e5,造成了第一次闪将,最后又从e5到d6形成第二次闪将。但如果白兵是从c5到d6,就不存在两次闪将的可能性了。)

通过上述证明,我们知道:白王要么是在最后一步移动造成了闪将,要么是在倒数第二步移动造成了闪将。那么,白王是从d5、e4、f3、g2这四个格子中的哪一格移开的呢?显然不能是从d5移开。那么从e4呢?不可能,因为那样的话d3的黑象就形成将军,而且只可能是吃掉d3的白棋形成将军。d3是白格,a6、g6也是白格,那么黑方共在白格吃掉3枚白棋,这与已知白方只少了3枚棋子,且其中必有起始于c1的白象在黑格被吃矛盾。这样,我们就排除了白王从e4移开的可能性。那么,白王可以从f3移开吗?同样不能,因为那样,它会与黑后、黑马形成"不可能的将军"。排除了以上可能性后,我们可知,白王是从g2移开的。(白王在g2时,被黑后和黑马同时将军,所以它从g2离开以躲避将军。不过,白王在g2时虽被黑后和黑马同时将军,却没有形成"不可能的将军",因为黑方前一步只可能是黑兵从f2到e1吃白棋后升变为马。)因此,我们知道白王是从g2移开,移到了一个没有被将军的位置,这个位置只能是g1。即:隐身的白王位于g1,而黑马从e1到f3即可在一步内将杀这枚白王。

两格之间的象

黑方只少了一枚棋子,是一枚黑兵,而这枚黑兵不可能在b3格被吃,所以它一定升变了。因为白方王车易位了,说明白王不曾移动,所以黑兵从没到过可对白王形成将军的d2格。这样一来,黑兵一定是先到e2格,在d1或f1吃掉一枚白棋后升变。这就表明,升变的黑兵来自e7。因为如果是d7的黑兵升变,则它升变时已吃掉两枚白棋,且d6的黑兵必来自e7,需吃一枚白棋。这样总共需吃3枚白棋,与已知白棋剩14枚不符。因此,可以推断来自e7的黑兵发生升变,且在d1或f1吃掉一枚白棋。白棋共少了一兵、一象。那么,黑兵升变时吃掉的是哪一枚白棋呢?显然不可能是白兵。而且,起始于e2的白兵不可能升变,因为黑方也王车易位,表明黑王不曾移动,那e2的白兵若想升变,则必须吃掉一枚以上黑棋。这与已知黑棋只少了在b3被吃的一枚不符。因此,黑兵在d1或f1升变时吃的一定是象,且是只能在白格移动的白象。这样一来,那枚被放在a3、a4交界处的白象一定是白方的另一枚只能在黑格移动的象。以上,可知这枚被放在两格交界处的象应在a3位置。

有趣的单色题

这是一道单色题,所以起始于e8(白格)的黑王只能移动到白格。那么,它要怎么出来呢?唯一的方式是进行王翼王车易位,移动到g8,然后,经h7离开。这就表明,位于h5的黑兵一定早已从h7或g6移到现在的位置,不然会挡住黑王。所以h5的黑兵不可能是黑方的最后一步棋。黑方只剩4枚棋子,d7和f7的黑兵没有移动过,h5的黑兵不是最后一步,那么黑方的最后一步棋一定是黑王从b3移到a2以躲避来自白后的将军。那么,白后的这个将军是怎么形成的呢?它肯定不是刚从c2、d3或d5移动过来的,因为这三个位置本身可以将军。唯一的可能性,是一枚白车从c2移动到a2,使白后形成闪将,随后黑王从b3到a2,逃将的同时吃掉了白车。所以在黑方的最后一步棋之前,a2位置有一枚白车。考虑到这是一道单色题,起始于h1的白车一次只能移动偶数格,也就不可能抵达第2、4、6、8横线,所以在a2被吃掉的白车只可能是一枚升变而来的车。也就是说,这局棋中,有白兵发生了升变,而且一定是起始于白格的白兵发生了升变。只能沿同色格走的兵要想升变,至少需要吃掉4枚棋子(第一步直行两格,此后斜向走四步)。可是,被吃的黑棋只有3枚在白格移动,分别是b7的兵(或由它升变成的棋子)、c8

的象和a8的车,其余被吃的黑棋要么沿着黑格移动,要么是在起始位置g8就被吃的马。那么,这枚升变了的、只在白格移动的白兵就必须在黑格吃掉一枚黑棋,可能吗?可能的。它可以用吃过路兵的方式吃掉一枚在黑格的兵。

更确切地说,这个过程是这样的:起始于a2或c2的一枚白兵,第一步向前走两格,随后斜走一格,在b5吃掉一枚黑棋,接着以吃过路兵的方式走到a6或c6,再接着吃一枚黑棋走到b7,最后又在a8或c8吃掉一枚黑棋后升变为车。

阿什利夫人的自创题

黑王想要离开起始位置,唯一的办法是王翼王车易位。如果黑王接下来没到h7,那么王翼的这枚黑车就只能被困在d8、f8两格中,并且也不会被吃。为什么说不会被吃呢?我们可以逐一排查白方在黑格上的棋子:c1的白象在起始位置还没出来就被吃了,白王只走了最多两步,a1的白车只能在奇数横线移动,g1的白马在单色题里无路可走,而四枚起始于黑格的兵还没走到第8横线,不可能吃掉第8横线的棋子,也不可能升变成其他棋子来吃。而现在,起始于h8的黑车显然已经被吃了,这就说明黑方先是进行了王翼王车易位,然后黑王从g8到h7,黑车回到h8,黑王再回到g8,黑车离开第8横线,然后被吃掉。

福尔摩斯故弄玄虚

阿什利勋爵曾经说过,他和夫人每次下棋,都是按照"单色题"的规则。福尔摩斯只需要证明按照此规则不可能走到当下局面,就能推断出这局棋不可能是阿什利勋爵夫妇下的了。在这道题里,福尔摩斯的解法非常巧妙地结合了书中既往单色题的解题技巧,具体证明如下:

假设这局棋是按照单色题的规则来走的,那么我们就会陷入这样的悖论:局面中的黑后在白格上,说明它是升变而来的,且必然是由起始于白格的黑兵(d7或h7)升变而来。只走同色格的兵若想升变,沿途需要吃掉6枚(如果第一步是吃子)或4枚(如果第一步前行2格)对方的棋子。考虑到白方只有3枚白格上的棋子被吃,所以可以排除6枚白棋被吃的可能。那么4枚白棋被吃可能吗?已知白格上的白兵有且仅有一次机会吃掉黑格中的兵,即吃过路兵。所以,升变的黑兵需要在白格里吃掉起始于d1的白后、起始于f1的白象、一枚位于黑格的过路兵和起始于a2的白兵(或它升变成的棋子)。接下来,我们将进一步证明:单色题的假设下,此时起始于a2的白兵必须升变。

b1、c2、e2的白棋都从未移动过,说明黑兵升变不可能发生在b1和d1,而是在f1或h1,且升变前需要经过g2。如果是起始于h7的黑兵升变,那么它永远也不可能与起始于a2的白兵相遇;如果是起始于d7的黑兵升变,那么它的行经路线一定是先d5,随后依次是e4、f3、g2,同样不会与起始于a2的白兵相遇。因此,黑兵升变途中吃掉的只可能是起始于a2的白兵升变后的棋子。那么白兵在升变途中吃掉的是哪些位于白格的黑棋呢?仅有的可能是起始于a8的车、起始于c8的象和起始于d7的兵。这些加起来是3枚,因此起始于a2的白兵升变途中共吃了四枚黑棋,并且其中一枚是起始于c7的过路兵。这样表明,起始于a2的白兵第一步需要前进两格。而且,既然d7的黑兵是被起始于a2的白兵吃掉了,那么升变为黑后的黑兵只可能起始于h7。

起始于d7的黑兵被吃,只可能是在从a4到d7的对角线上。那么,矛盾就来了:起始于h7的黑兵升变途中,已经把所有可以吃的、白格上的白棋吃完了,那起始于d7的黑兵就没有白棋可以吃,所以它被吃只可能在d7,那c8的白象就不能离开第8横线,同样也是在起始位置被吃。这样一来,起始于a8的黑车是在哪里被吃的呢?不可能是在c8或d7(我们已经证明了这两格被吃的是象和兵),不可能是c6(白兵在此吃过路兵),也不可能是a4(白兵从a2直接到a4),那么剩下的就只有b5——但在单色题里,起始于a8的车绝不可能走到第5横线。所以,这个局面,不可能是按单色题的规则走出来的。

附录C 第四章答案

M1

把g4的黑后移到e4,把e1的白马移到f3,把h4的黑象移到e1,把c8的白象移到h3,这样我们就得到了四步之前的局面。于是,接下来的四步棋分别是:①白象到c8,白车将军;②黑象到h4,黑车将军;③白马到e1,白象将军;④黑后到g4。此时局面如题目中所示。

此时的局面只可能是按此步骤形成的。因此,黑方的最后一步棋只可能是黑后从e4到g4。(你可以试试,如果最后一步棋不是这个,那倒推三步将无棋可走。)

M2

把a4的黑兵移到a7,把h8的黑王移到g8,把h6的白象移走并在d5放一枚白兵,这样我们就得到了五步之前的局面。于是,接下来的五步棋分别是:①白兵到d6;黑王到h8;②白兵到d7,黑兵到a6;③白兵到d8升变为白象,黑兵到a5;④白象到g5,黑兵到a4;⑤白象到h6。此时局面如题目中所示。

M3

在这个局面里,只有把黑王放到c8才能避免白方出现"回溯性和棋"。黑方的最后一步棋是黑车从d8到h8。在此之前,白方的最后一步是白王从g8到f7。再前一步,黑方进行了王车易位。[①]

M4

白方让了一子,并且让的不是兵。所以白方在开局时有15枚棋子,而

[①] 把h8的黑车移到a8,把f7的白王移到g8,然后在e8放上黑王。这样我们就得到了两步之前的局面。接下来的两步是:①黑方进行后翼王车易位,黑王到c8、黑车到d8;②白王到f7;黑车到h8。此时局面如题目中所示。——译注

且其中必然包括 e2 格的兵。但这枚兵此刻不在局面中,它是被吃了还是升变了呢? 显然,如果被吃,只可能是在 f6,但白兵从 e 竖线到 f 竖线需要吃掉一枚黑棋,可在黑兵从 e7 到 f6 吃子之前,被吃掉的几枚黑棋都不可能离开第 8 横线,自然也就无法被吃。因此,起始于 e2 的白兵必然升变了。而且,只有黑兵先从 e7 到 f6 吃掉一枚白棋以后,白兵才可能抵达第 8 横线完成升变。由此可知,白方开局有 15 枚棋子,在 f6 被吃一枚,剩 14 枚,随后白兵升变,并且之后再无白棋被吃。可见,白兵升变成的棋子此刻仍然在局面中,因此在 f6 被吃的白棋只可能是车、马或象。

起始于 e2 的白兵是在哪里升变的呢? 只可能是 d8 或 f8。因此,它不可能升变成了车,那样就会形成将军,从而与题目相矛盾。它也不可能升变成象,因为 g2 的白象位于白格,不可能是在黑格(d8 或 f8)升变而来的;另一枚白象在 c1,从未离开过第 1 横线,因此也不可能是升变而来的。所以,这枚白兵必然是升变成了马。由于局面中白方此刻少了一兵一后,可见白方起初让了一枚后,随后被吃了一枚马,再将兵升变为马,形成此时的局面。

M5

白方剩 14 子,少了一兵一象。黑兵从 b7 到 a6 吃了一枚白棋,它吃的是兵还是象呢? 不能是象,因为白方少了一枚位于黑格的象(即起始于 c1 的象),而 a6 却是白格。那么是兵吗? 也不是,因为缺失的这枚白兵起始于 d2 或 e2,想要到达 a6 需要至少吃掉 3 枚黑棋,而黑棋只少了两枚。所以,这枚白兵一定发生了升变。根据已知条件①,局面里没有升变后的白棋,那么显然,在 a6 被吃的就是升变而来的棋子。这就意味着:白兵升变在先,黑兵 a6 吃子在后。换而言之,在白兵升变时,a6 位置的黑兵还仍然在 b7。

黑方剩 14 子,所以可以排除升变的白兵来自 e2 的可能性(从 e 竖线到 c 或 g 竖线升变需要吃掉至少 2 枚黑棋,而 d2 的白兵到 e 竖线也需要吃一枚黑棋,总共需要吃至少 3 枚)。所以,升变的白兵只可能来自 d2,也只可能在 c 竖线升变(在 g 竖线升变需要吃 3 枚黑棋,因此排除)。这枚白兵吃掉一枚黑棋抵达 c 竖线，然后在 c8 升变，或又吃一枚黑棋后在 b8 升变。这枚白兵升变时，黑兵还在 b7。b7、d7 的两枚黑兵挡住了 c8 的黑象，所以如果白兵升变发生在 c8，那么 c8 的象必然在起始位置就被吃了。那此时局面中 a4 的黑象就是升变而来的。如果白兵升变发生在 b8，那么它沿途就吃了两枚黑棋。黑方此时有 14 枚棋子，只少了 c7 和 g7 的两枚兵。如果白兵升变途中吃掉起始于 g7 的黑兵，那么这枚黑兵在抵达 c 竖线前需要吃掉的白棋就太多了。所以，白兵从 d 竖线到 c 竖线这一步吃掉的，是起始于 g7 的黑兵升变后的棋子。因此，无论白兵升变是在 c8 还是 b8，起始于 g7 的这枚黑兵都必然发生了升变。这枚黑兵的升变，唯一的可能性是 g3 的兵仍位于 g2 时，黑兵从 g3 到 h2 并吃掉白方后翼的象，并且在 h1 升变。这就说明，当黑兵在 h2，白兵在 g2 时，h1 的这枚黑车一定位于其他地方。这枚车只能通过 g1 离开，那么显然 g1 的马也必然移开过。这就证明了第①问。

至于本题的第②问，假设局面里没有升变后的黑棋，那么 a4 的象就不可能是升变而来的。这就意味着 d2 的白兵是在 b8 而非 c8 升变，因此 b8 的马也移动过。

M6

这个局面中，黑方剩 15 枚棋子，只少了一枚车，而白兵走到 b3 这一步需要吃一枚黑棋，可见黑车是在 b3 被吃的。可是，这枚黑车是怎么出来的呢？只有一种可能，就是 a6、b6 这一对兵或 d6、e6 这一对兵交叉吃子。白方剩 14 枚棋子，少了一象（王翼的象）和一兵。那么，必然是黑兵在白格（a6 或者 e6）吃掉了白象，在黑格（b6 或 d6）吃掉了白兵或这枚白兵升变成的棋子。现在，局面中缺失的白兵来自 a2 或 c2，而且由于唯一被吃的一枚黑棋是在 b3 被吃的，所以这枚缺失的白兵从没有吃过任何一枚黑棋，也就不可能离开原本所在的竖线。这样我们就可以知道这枚缺失的白棋不可能来自 c2。因为来自 c2 的兵既不可能在不吃子的情况下走到 b6 或 d6 被吃，而且由于黑兵在 c7 阻挡，也不可能直行到 c8 升变。因此，局面中缺失的白兵一定是来自a2的这一枚。这枚白兵当然也不可能走到b6或者d6,所以它一定是升变了,而且因为这枚白兵沿途没有吃子,所以只可能在a8升变。这就说明,交叉吃子的黑兵是a6、b6的这一对,而非d6、e6的这一对。具体来说,最初两枚黑兵分别在a7、b7,先是a7的黑兵走到b6吃子,然后白兵通过a7、在a8升变,此后,白兵从b7到a6吃掉了白象。这里需要注意的是,黑兵先在b6吃掉了某一枚白棋,然后白兵在a8升变,并且随后再没有白棋被吃,所以此时局面中必有一枚棋子是升变而来的。那么,这枚升变后的白棋是什么呢?不可能是马,因为白兵升变时,b6、c7两格均有黑兵阻挡,使马无法离开;也不可能是象,因为局面中唯一剩下的白象位于黑格,而a8是白格;同样不可能是车,因为白方可以王车易位,所以局面中a1的车和白王都不可能移动过,那么a1的车必然不可能是升变而来的,而升变而来的车也不可能在王不移动的前提下走到g1。因此,升变而来的棋子只能是后。即:位于d2格的白后是升变而来的。

M7

这道题比较复杂,我们分为几步进行讨论:

1. 黑方剩13枚棋子,局面中显示了12枚,c6还有一枚神秘黑棋未显示。所以,虽然只有三枚棋子被吃,但此刻局面中少了一后、一车(起始于a8)、一马、一兵(起始于g7)。那么,哪三枚黑棋被吃了,又是在哪儿被吃的呢?题目已知c6的神秘棋子不是车,所以起始于a8的黑车肯定是被吃了,而且由于被兵挡住不能出来,所以只可能是在a7、a8或b8这三个格子被吃。另外,c3和h3的白兵分别吃掉一枚黑棋。白方剩15枚棋子,唯一缺失的是白后,并且一定是在b6被吃的。因此,起始于g7的黑兵不可能吃子,也不可能离开g竖线,更不可能在c3或h3被吃,只可能是升变了。而且,一定是白兵先从g2到h3吃掉一枚黑棋以后,黑兵才能通过g2,并随后升变。由此,我们得到结论一:在c3、h3被吃掉的只可能是马、后或升变而来的黑棋。

2. 黑兵在g1升变后,要么还在局面中,要么就在c3或h3被吃了。但刚才已经证明了白兵在h3吃黑棋是先于黑兵升变的,所以可以排除黑兵升变后的棋子在h3被吃的可能性。那么,我们得到结论二:升变后的黑棋要么此时仍在局面中,要么就是在c3被吃了。

3. 无论升变后的黑棋是否还在局面中,有一点是肯定的,那就是升变后的黑棋一定从g1(升变位置)离开了。这就说明,黑兵不可能升变成了马,因为在升变发生时,h3已有白兵占据,所以黑马要么无法离开g1,要么会形成将军(这会迫使白王躲避,与已知双方可以王车易位矛盾)。所以,结论三:黑兵不可能升变成为黑马。

4. 白后是在b6被吃的,所以必有白兵先从b2到c3吃掉一枚黑棋,随后才是白后离开第1横线。因此先有白兵在c3吃黑棋,之后才有黑兵在b6吃白后。同理,黑后只可能在黑兵从c7到b6吃掉白后以后才能离开,所以不可能在c3被吃。或者说,在c3格被吃的不可能是黑后,除非它是一枚升变而来的黑后。所以,结论四:局面中原本的黑后要么就是位于c6的神秘黑棋,要么只能在h3被吃。

有了上述结论后,我们就可以回答题目中的各个小问题:

① 如果c6的神秘黑棋是马,那么根据结论四可知:黑后是在h3被吃的。

② 如果c6的神秘黑棋是升变而来的黑后,那么根据结论四可知:原本的那枚黑后在h3被吃,而黑马则在c3被吃。

③ 如果c6的神秘棋子是原本的黑后,那么就有两种可能性:一是升变后的棋子仍在局面中,二是升变而来的棋子在c3被吃了(见结论二)。如果是后者,那么缺失的那枚黑马就是在h3被吃。如果是前者,那么升变后的棋子不是马(见结论三)、不是车(黑方可以王车易位),因此只能是象,并且是位于g7的黑象(g7与g1同为黑格)。那么,原来的那一枚起始于f8的象是在哪里被吃的呢?不可能是在h3(h3是白格),只能在c3(c3是黑格)。这样的话,在h3吃掉的就是黑马。

总结一下:

附录 145

① 如果c6是黑马，那么缺失的黑后是在h3被吃的。

② 如果c6是原本的黑后，那么黑马是在h3被吃的。

③ 如果c6是升变而来的黑后，那么黑马是在h3被吃的。

M8

黑方剩14枚棋子，缺失了一象（起始于f8）、一车（起始于a8）。白方剩15枚棋子，缺失了一枚象（起始于c1）。从已知条件可知，位于f5的黑马只走了三步，因此它的路线是b8-c6-d4-f5。d5的黑兵来自d7，因此d6的兵来自c7，并且在这个过程中吃掉了一枚白棋，即沿黑格行走的、起始于c1的、白方后翼的象。由于e7、g7两枚兵的阻挡，所以黑方王翼的象是在起始位置f8被吃的。那么起始于a8的车就是在f3被吃的。从时间顺序上，一定是白兵先从d2走到d3，使白象得以离开第1横线，然后白象走到d6被黑兵吃掉，这之后才有黑车走出来被吃。因此，在白方王翼的象离开起始位置f1时，d3、f3的兵已经在那儿了。当然，因为黑方的第一步棋就是黑兵从d7到d5，所以d5的黑兵也已经在那儿了。最后，我们还可以证明此时f5的马也已经在那儿了，证明如下：a8的黑车要走到f3被吃，就必须经过b8、c6和d4格，而这三个格子都是黑马从b8出发抵达f5所必须经过的。只有黑马先抵达f5，让出这些格子，黑车才可能走到f3被吃。而白兵从e2到f3又是f1的象得以离开第1横线的前提。由此，我们证明了：d3、d5、f5和f3格在白象离开f1时已经占据了相应格子，并且此后再没有移动。那么，白象是怎么从f1走到g4呢？唯一可行的线路是：f1到e2，再到d1，再到b3或经过b3，由a4或c4到b5或经过b5，再经a6或c6，到b7或经过b7，随后依次经过c8、e6、g8、h7、g6、h5，最后到g4。因此，这枚象必须经过d1、c8和g8，即d1的白后、c8的黑象、g8的黑马都曾经移动过。这就证明了本题的第一部分第①问。

起始于f1的这枚白象在从g6到h5的时候，起始于h7的白兵只可能在h6而非h7。因此，这枚兵一定是移动了两次。这就回答了本题第一部分第②问。

如果把h5的黑兵放到h6,那么这个局面就不可能形成了。因为白象在从e6到g8时,f7的黑兵一定已经前进到f6了。这样,f6、e7的兵就挡住了g8的黑马。黑马要想离开、再回到g8,必须经过h6。所以,在白象从e6到g8前,黑马经h6离开,此后黑兵从h7到h6,使白象得以经g6、h5抵达g4,随后黑兵再从h6到h5,让出h6格,使黑马回到起始位置g8。所以,本题第一部分的第③问的答案是否定的。

至于本题的第二部分,思路是这样的:起始于f1的白象所经过的路线并没有发生变化,而起始于c8的黑象只能在白象移动以后才开始移动,并且由于可走的格子有限制,所以实际上这枚起始于c8的黑象只可能和白象走相同的路线,并且由于黑象先离开c8,白象才能随后途经此格,所以黑象先于白象。因此,白象最终停在g4,那黑象只可能在此前从g4走到了h3。即:本题第二部分答案是黑象应在h3格。

M9

首先看黑方。e7和g7两格都有兵,那么f8的黑象就不可能离开起始位置,只可能是被吃了。那样的话,局面中a5(黑格)的黑象只可能是升变而来的。因此,起始于f7和h7的黑兵中,有一枚发生了升变,并且是在g1(黑格)升变为了只能沿黑格移动的黑象。

我们来看本题第①问。首先假设f2格的是白兵。那么,白方少了三枚棋子,黑方少了两枚。g3的白兵来自g2还是h2?答案是g2,因为如果这枚白兵来自h2,那么它要么妨碍黑兵经过h2升变为黑象(当白兵在h2时),要么阻挡升变后的黑象的离开(当白兵在g3和h2时)。因此,g3这枚白兵来自g2,而且是在黑兵完成升变(成为黑象),并且从g1到h2,再经g3离开以后,白兵才从g2到g3。也就是说,在黑兵升变为黑象时,这枚白兵仍在g2。这就说明,升变的黑兵不可能来自f7,只可能来自h7,并在h2到g1这一步完成了吃子、升变。那么,黑方在b6和g1共吃掉了两枚白棋,而这两格都是黑格。换而言之,白方起始于f1(白格)的象不可能是在这两格被吃的,而白方起始于c1（黑格）的象则在b6、g1中的一格被吃。白方起始于h2的白兵要么被吃了，要么升变了。由于它不可能走到b6或g1被吃，那么它一定是升变了。即来自h7的黑兵和来自h2的白兵都升变了。那它们是怎么绕过对方的呢？要么白兵吃两枚黑棋，绕过黑兵；要么黑兵吃两枚白棋绕过白兵，而且在g1还要吃掉第三枚白棋。但这两种情况都是不可能的。因为前者总共要吃2（被白兵吃）+1（黑象在起始位置被吃）枚黑棋，与实际只少2枚不符；而后者总被吃3（被起始于h7的黑兵吃）+1（在b6被吃）枚白棋，与总共只少3枚白棋不符。由此，我们证明了f2格是白兵的情况是不可能的。那么f2格只可能是黑兵。

我们再看本题第②问。我们已经证明了f2格的是黑兵，所以此刻黑方剩15枚棋子，白方剩12枚棋子。由f2的黑兵可知，白王此时正被将军，因此，f2的黑兵一定是刚刚走到此格。假设白马此时在f3而非f4，那么黑兵只可能是从e3到f2，并且这一步吃掉了一枚白棋。由于这枚黑兵来自f7，所以它还要先吃一枚白棋抵达e竖线。这样一来，被吃的白棋已经达到了4枚：即，起始于f7的黑兵共要吃两枚白棋，再加上b6的黑兵吃一枚白棋、起始于h7的黑兵升变途中吃一枚白棋（我们已经证明了f2格是黑兵，所以起始于h7的这枚黑兵无论在g1还是g2吃子，都可以在升变为黑象以后，经f2离开）。此外，起始于f2的白兵不可能在g1、g2被吃，不可能在离开f2后被起始于f7的黑兵吃，那它是升变了，还是黑兵在f2吃的就正好是这枚白兵呢？由于黑方还剩15枚棋子，唯一被吃的是在起始位置f8就被吃的黑象。所以如果这枚白兵升变，那它在升变途中不可能吃任何黑棋，只可能沿f竖线前进到f8升变，但这样一来，它在f7时会对黑王形成将军，与已知黑王没有移动过相矛盾。

所以，我们只需要证明黑兵在f2吃掉的白棋不可能是起始于f2的白兵，就能证明白马在f3时，这个局面不可能成立。

这时，我们还是遇到了第①问中的问题：起始于h2的白兵和起始于h7的黑兵是怎么绕过彼此的呢？因为黑兵只有一枚被吃，所以不可能是起始于h2的白兵绕过黑兵,只可能是起始于h7的黑兵绕过白兵——要么是h2的白兵还在起始位置时,黑兵就从h3到g2吃子,要么是黑兵先吃了两枚白棋,从h竖线到g竖线再到h竖线,这样正好绕过白兵,随后又在g2或g1吃一枚白棋,在g1升变。显然,第二种可能性意味着黑棋吃子数量达到了3(由起始于h7的黑兵吃)+1(由b6的黑兵吃)+2(由f2的黑兵吃)=6枚,超了2枚(白方实际只有4枚棋子被吃),所以是不可能的。所以,第一种可能性才是正确的,即h2的白兵还在起始位置时,黑兵已经从h7抵达h3,又从h3到g2吃掉一枚白棋。此后,h2的白兵前进到h8升变。这就说明,在黑兵抵达g1升变为黑象之前,g3格的白兵就已经在那儿了。这样一来,升变后的黑象只可能经f2离开第1横线。那么,在本局的最后一步里,黑兵从e3到f2吃掉的就不可能是白兵,因为白兵一定早已离开f2,否则升变后的黑象是无法离开的。可这样一来,这枚起始于f2的白兵何去何从了?它没有在f2被吃,也不可能离开f竖线(唯一被吃的黑棋是f8的黑象),所以起始于f7的黑兵在e竖线吃掉的白棋不是它,而且这枚起始于f2的白兵也不可能升变(因为它在f7会对黑王形成将军,迫使黑王移动)。总而言之,这枚起始于f2的白兵没有被起始于a7、f7、h7的黑兵吃掉,也没有升变,这就形成了悖论,因此白马在f3时,这个局面不可能成立。

通过上述论证,我们就能证明白马在f3是不可能的。由此可以推断:白马只可能在f4。此时,黑兵可以从f7出发,沿着f竖线直行到f2。这样,起始于a7和h7的黑兵总共吃掉2枚白棋,起始于f7的黑兵没有吃白棋,而起始于f2的白兵可以是被其他黑棋吃掉的,这就避免了所有的悖论。

M10

答案是肯定的,白方确实可以在两步之内将杀黑王。不过,为了证明这一点,我们首先要证明黑方不可以王车易位。

白方剩11枚棋子,被吃5枚。观察g2的黑兵,可以发现它只可能起始于c7,那么它从c7到g2需要吃掉至少4枚白棋。因此,由其他黑棋吃掉的白棋总数不超过1枚,于是可知g6、h4的两枚黑兵分别来自于g7、h7,并且前进过程中没有吃子(否则这两枚黑兵要吃掉至少2枚白棋,使被吃的白棋总数与已知不符)。现在,我们可以试着分析一下黑方最后一步棋走了什么,首先我们排除是黑兵从h7到g6的可能性(刚才已经证明了g6的黑兵来自g7),并假设最后一步棋里移动的不是黑王和黑车(那样的话肯定无法王车易位)。那么,剩下的可能性有4种:

可能性1:黑兵从g7移到g6。

可能性2:黑兵从g3移到g2。

可能性3:黑后从g7到f8,并且没有在f8吃子。这就意味着这一步之前,白车刚在g8吃掉了1枚黑棋形成将军。

可能性4:黑后从g7到f8,并且在f8吃掉了1枚白棋。

在讨论这4种可能性之前,我们再观察一下局面,看看还能得到什么其他信息:

黑方剩10枚棋子,被吃6枚。观察白兵可知:在e、f、g、h这4条竖线中有5枚白兵,其中h2位置的白兵并没有移动过。这就说明,e4、f3、g5、h6这4枚白兵中,必有1枚来自于d2,并且这4枚白兵总共要吃掉4枚黑棋才能走到目前的局面。第5枚被吃的黑棋是位于c8的黑象,它被b7、d7的兵挡住,因此是在起始位置被吃的。所以,起始于a2、b2的白兵(此刻不在局面中)总共吃了0或1枚黑棋。那么,这2枚白兵是被吃了,还是升变了呢?刚才说过,黑兵从c7到g2的过程吃了至少4枚白棋,其他黑棋加起来吃了最多1枚白棋。同时,起始于a2、b2的白兵加起来吃了最多1枚黑棋,它们不可能被起始于c7的黑兵吃掉(那样b2的白兵需要至少吃2枚黑棋走到d竖线),也不可能都被其他黑棋吃掉。所以这起始于a2、b2的两枚白兵之中,至少有1枚发生了升变。

现在回过头看前文关于黑方最后一步棋的4种可能性。

可能性3看上去最简单,就从它入手吧。假设黑方的最后一步棋是黑后从g7到f8,并且没有吃子。那么在此前,白车在g8吃掉了1枚黑棋。这样一来,黑方被吃的棋子是e4、f3、g5、h6,这4枚白兵共吃4枚黑棋,c8的黑象在起始位置被吃,g8被吃1枚,总数已经达到6枚。这就说明,a2、b2这2枚白兵就都不可能吃过任何黑棋。类似地,在可能性1中,黑方的最后一步棋是黑兵从g7到g6,那么f8的黑象只可能是在起始位置就被吃了,这样,被吃的黑棋也达到了6枚,说明a2、b2这2枚白兵同样不可能吃过任何黑棋。无论是可能性1还是可能性3都可以推出a2、b2这2枚白兵没有吃子,但有至少1枚升变。考虑到b7位置有黑兵,所以升变只可能是起始于a2的白兵在a8升变。所以,在可能性1、3中,a8的黑车移动过,黑方不能王车易位。

再看剩下的两种可能性。可能性4中,黑后从g7到f8并吃掉1枚白棋。考虑到白方总共被吃5枚棋子,且另有4枚是在黑兵从c7到g2过程中被吃的。这样一来,a2、b2的白兵就都没有被吃,全部升变了。类似地,在可能性2中,黑方的最后一步棋是黑兵从g3到g2,那么黑兵从c7到g3吃了4枚白棋,且都是位于黑格的白棋。那么,起始于f1的白象只在白格移动,它不是在f8被吃的,也不是在c7到g3这4个黑格被吃的,只能是在其他地方被吃的。同样,a2、b2不可能被吃,只能是升变了。那么,在可能性2和4中,都能得出a2、b2的白兵都发生升变的结论。考虑到a2、b2总共最多吃1枚黑棋,而b7又有黑兵阻挡,所以b2的白兵一定吃了1枚黑棋后在a8或c8升变,而a2的白兵没有吃子,在a8升变。所以,可能性2、4中,a8的黑车同样移动过,黑方也不能王车易位。

我们大费周章地证明黑方不能王车易位后,剩余部分就简单了。现在,白方可以先把白后走到d6,如果①黑方用兵吃后,那么白马跳到g7将杀黑王;如果②黑王到d8躲避,那么白车到f8吃黑后将杀;如果③黑兵从e7到e6,那么白后到e7将杀;如果④黑方走其他棋子,那么白后到e7吃黑兵将杀。

The Chess Mysteries of Sherlock Holmes:
50 Tantalizing Problems of Chess Detection
By
Raymond M. Smullyan
Copyright © 1979 by Raymond M. Smullyan
Simplified Character Chinese edition copyright © 2024 by
Shanghai Scientific & Technological Education Publishing House
ALL RIGHTS RESERVED
上海科技教育出版社业经 Andrew Nurnberg Associates International Ltd 协助
取得本书中文简体字版版权